두근두근
초등 1학년
입학 준비

19년 차 현직 교사가 알려주는

두근두근 초등 1학년 입학 준비

하유정 지음

빅피시
BIG FISH

프롤로그

변화가 설렘이 되려면 필요한 것

2022년 출간된 《두근두근 초등 1학년 입학 준비》를 통해 정말 많은 학부모님을 만났습니다. 인덱스 스티커가 가득 붙은 책을 들고 강연장에 찾아오신 독자님들, 이 책 덕분에 학교 적응까지 무사히 마쳤다는 감사의 편지들. 저에게는 그 어떤 선물보다 값진 만남이었습니다.

"구청에서 취학통지서를 발송할 때 이 책을 함께 보내야 하지 않을까 싶을 정도로 내용이 너무 유익해요."

책에 달린 수많은 서평 중 하나입니다. 실제로 유치원과 초등학교에서 입학 선물로 이 책을 선정했다는 소식은 저에게 따뜻한 격려로 다가왔습니다.

책이 출간된 지, 2년이라는 시간이 흘렀습니다. 짧고도 긴 시간입니다. 고작 2년 사이 교육과정과 교과서에 큰 변화가 생겼거든요. 입학이라는 '생의 변화'도 걱정스러운데, 교육과정도 개정된다니, 걱정에 불안 한 스푼을 더하는 기분입니다. 변화와 불확실성, 쏟아지는 정보 속에서 부모는 어느 장단에 맞춰야 할지 판단조차 어려울 때가 참 많습니다. 그러다 보니 아이의 초등 입학을 준비하는 요즘, 교육과정마저 개정된다는 소식은 그리 반갑지만은 않습니다. 준비해야 할 무언가가 생긴 듯, 부담감이 밀려오거든요.

하지만 걱정하지 마세요. 새 교육과정에 관한 모든 정보를 새 옷으로 갈아입은 이 책에 꾹꾹 눌러 담았거든요. 초등학교 생활이 어떨지, 변화되는 교육과정의 핵심은 무엇인지, 그래서 무엇을 준비하면 좋을지 하나부터 열까지 다 알려드립니다. 많은 정보를 담느라 벽돌 책이 되었지만 교육과정의 변화를 꼭 전해드리고 싶었습니다. '변화'라는 게 설렘보다는 두려움을 먼저 가져다준다는 걸 잘 알고 있거든요.

저는 요즘 '눈 떠보니 딴 세상'이라는 말을 학교에서 실감하고 있습니다. 세상이 변하는 속도에 발맞추기 위해 학교에도 많은 변화가 불고 있거든요. 분필 가루 날리던 칠판은 터치 한 번에 화면이 바뀌는 전자 칠판으로 교체되었고, 각종 디지털 매체가 수업 도구로 쓰입니다. 4학년만 되어도 모둠 과제로 영상과 PPT를 공유

문서로 제작하고 발표합니다. 저학년은 수학 시간에 디지털 수모형을 조작하며 연산 공부를 합니다. 요즘 학교의 풍경, 어떤가요? 소싯적 읽던 공상 과학 소설에 나올 법한 모습이지요? 예측된 미래 교육의 단면이었지만, 변화의 속도를 예측하는 데는 실패했습니다. 변화는 계속될 것이고, 속도는 더 붙을 거예요.

교육과정은 학생들에게 어떤 내용을, 어떤 방식으로 교육할 것인가에 대한 결정의 집합체입니다. 교육 내용과 방법은 시대적 요구 사항을 반영해야 하고요. 그래서 교육과정의 변화는 필요합니다. 사회가 변하는 방향과 속도에 교육도 함께 따라가야 하니까요. 팬데믹, AI, 디지털, 다매체, 기후 · 생태 위기 등 시대적 변화를 뒷받침하는 것이 교육이어야 합니다. 하지만 이 복잡하고 방대한 내용을 학부모님이 모두 살펴보기에는 한계가 있을 수밖에 없습니다. 변화의 핵심과 부모님의 역할을 알려드려야 한다는 책임이 강해지는 이유이자 이 두꺼운 책이 새 옷을 입게 된 이유이기도 합니다.

2025년, 학교 현장에는 2022개정교육과정이 적용됩니다. 이 책에서는 새 교육과정이 추구하는 목표와 가치부터 1학년 교육과정에 어떠한 변화가 있는지를 상세히 설명해드립니다. 과목별로 중점적으로 다루고 있는 핵심은 무엇인지, 평가는 어떻게 진행되는지와 같은 구체적인 학습과 평가 요소도 알려드립니다. 어떤 부분에 중점을 두고 자녀 교육을 해야 할지, 입학 준비는 어떻게 해야 할지에 관한 방향성을 잡을 수 있을 거예요. 더불어 여러 해 동안 1학년을 맡으면서 느꼈던 것들, 두 아이를 초등학교에 입학시키면서 경험했던 감정들, 아이들이 성장하면서 얻게 된 깨달음을 예비 학부모님과 나누고자 합니다.

책을 쓰면서 꺄르르 웃음보가 터지던 교실을 수시로 떠올렸습니다. 입학을 준비하는 대한민국 모든 아이들이 웃음으로 가득한 학교에서 멋진 어른이 될 자양분을 얻기를 바라면서요. 저와 이 책이 여러분의 초등생활에 항상 동행하겠습니다.

2025년을 기다리며

초등교사 하유정 드림

차례

1학년 학교생활 꼼꼼히 살펴보기

작은 것부터 스스로 해내는 생활 습관 만들기

사랑받는 아이가 되는 태도 만들기

공부 습관 만들기 ① 한글 떼기와 독서

공부 습관 만들기 ② 손힘 기르기와 쓰기

공부 습관 만들기 ③ 수학

입학 100일 전 체크리스트

〈자녀용〉

	준비 사항	확인
생활 습관	1. 매일 일정한 시각(밤 9시 정도)에 잠자리에 드나요?	
	2. 7시 30분 이전에 일어나나요?	
	3. 스스로 세수하고 양치하나요?	
	4. 스스로 옷을 입고 벗을 수 있나요?	
	5. 스스로 양말과 신발을 신을 수 있나요?	
	6. 숟가락과 젓가락으로 스스로 식사를 잘하나요?	
	7. 스스로 골고루 먹나요?	
	8. 혼자 화장실을 사용할 수 있나요?	
	9. 휴대전화를 늦은 시간까지 보지 않나요?	
학교 생활 준비	10. 학교 가는 길을 익히고 있나요?	
	11. 횡단보도를 안전하게 건널 수 있나요?	
	12. 학용품과 같은 자기 물건을 스스로 정리할 수 있나요?	
	13. 책상에 앉아 독서나 학습 활동을 할 수 있나요?	
	14. 공부 시간과 놀이 시간을 정해서 실천하나요?	
말 습관	15. 내 의견을 정확하게 전달할 수 있나요?	
	16. 다른 사람의 말을 끝까지 듣나요?	
	17. 높임말과 고운 말을 사용하나요?	

공부 습관	18. 예의 바르게 인사하나요?	
	19. 다양한 선 긋기를 잘하나요?	
	20. 내 이름을 쓸 수 있나요?	
	21. 매일 책 읽기를 하나요?	
	22. 의자에 바르게 앉아 공부할 수 있나요?	

〈부모용〉

준비 사항	확인
1. 예비소집일 날짜를 확인했나요?	
2. 입학 전 필수 예방접종은 완료되었는지 확인했나요?	
3. 방과 후 돌봄이 필요한 경우 대책을 정해두었나요? (돌봄교실, 돌봄서비스, 학원 등)	
4. 아동 범죄와 관련된 주의사항과 도움을 요청하는 말을 알려주었나요?	
5. 아이와 함께 학교 주변을 둘러보며 안전 지도를 했나요?	
6. 책가방을 비롯한 미리 준비해야 할 입학 준비물을 준비했나요?	
7. 아이에게 시간 개념을 조금씩 인지시키고 있나요?	
8. 아이와 함께 매일 책을 읽으며 문자에 노출시키고 있나요?	
9. 아이가 해야 할 일을 알려주고 스스로 하도록 돕고 있나요?	
10. 학교생활에 대한 긍정적인 이미지를 심어주고 있나요?	

초등학교 입학 과정 자세히 살펴보기

취학통지서와 예비소집일

유난히 추웠던 12월의 어느 날, 초인종 소리에 현관문을 열어보니 짧은 파마머리의 한 아주머니가 문 앞에 서 계셨습니다. 인상착의로 봐서는 누가 봐도 택배기사님은 아니셨어요.

"아기 엄마, 축하해요. 아이가 입학하나 봐요?"

"아, 네…. 어떻게 아셨죠?"

"여기 취학통지서 받아요."

그분은 동네 통장님이셨고, 주민센터에서 인계받은 취학통지서를 각 가정에 배부하느라 추운 겨울 집집마다 방문 중이셨습니다. 그렇게 받아든 봉투 속에는 취학통지서뿐만 아니라 설렘과 불안이라는 감정도 함께 들어 있었습니다.

아이와 부모의 이름, 예비소집일과 입학일, 몇 글자 적혀 있지도 않은 작은 종이는 품속의 아기인 것만 같은 아이를 학생으로 만들어주고, 저를 부모에서 학부모로 등업시켜주는 임명장 같았습니다. 언제 이만큼이나 자랐나 싶어 괜히 뿌듯하기도 하고, 이제는 진짜 학부모가 된다는 생각에 이것저것 꼼꼼히 챙겨야 할 것 같은 무거운 책임감도 느껴졌습니다.

'아직 어리다고 놀게만 놔뒀는데 어쩌지?'

'우리 아이가 숫자는 읽을 수 있지?'

'자기 이름이나 쓸 줄 알지 읽고 쓰기가 서툰데 큰일이네.'

'수시로 화장실 간다고 들락거리면 어쩌지?'

'소심한 성격이라 친구 하나 제대로 못 사귈 것 같은데….'

금쪽같은 내 새끼가 입학을 한다는데 뭐든 급하게 준비해야 할 것 같은 책임감과 동시에 불안감이 몰려오는 건 대한민국 부모라면 당연한 감정일지도 모릅니다. 저도 그랬으니까요. 그래도 너무 걱정만은 하지 마세요. 절차와 방법에 대한 정확한 정보를 알면 막연한 걱정을 덜어낼 수 있거든요.

취학통지서 발급 방법

기존에는 각 주민센터에서 해당 가정에 직접 전달하는 방식으로 배부되었지만 2021년부터는 온라인으로 간편하게 발급받을 수 있게 되었습니다.

정부24 취학통지서 온라인 발급 서비스
취학 대상 아동과 동일 세대의 세대주, 또는 보호자 변경을 완료한 세대원만 발급 가능합니다. 발급 기간 내에는 여러 번 신청, 발급할 수 있고, 모바일 앱을 통해서도 발급되지만 출력은 PC로만 가능합니다. 쌍둥이나 그 이상의 아동이 취학할 경우 한 명씩 별도 입력해 신청하시면 됩니다.

취학통지서를 온라인으로 발급받아도 추후 주민센터에서 취학통지서를 등기우편으로 발송해 줍니다. 배부받은 취학통지서는 잘 보관해야 합니다. 예비소집일에 학교에 제출해야 하기 때문입니다. 만약 취학통지서를 분실했거나 훼손했다면 해당 주민센터에 가서 재발급받으면 됩니다.

예비소집일 절차

신입생 예비소집일은 입학 예정인 학교에 처음으로 발을 내딛는 날입니다. 취학통지서에 안내된 날짜에 맞춰 학교를 방문하면 됩니다. 예비소집일은 대체로 12월 말이나 1월 초에 예정되어 있습니다. 학교에 첫발을 내딛는 날이라 꽤 긴장되고 설렐 거예요. 그래서 단계별로 안내드리겠습니다.

• 1단계 : 준비물을 챙긴다.

실제로 예비소집일에 무엇을 준비해서 참석해야 하는지 몰라 막막해하는 학부모님들이 꽤 있습니다. 꼭 챙겨 가야 하는 것은 바로 취학통지서와 입학 예정인 자녀, 이렇게 두 가지입니다. 기초조사서나 스쿨뱅킹 신청서와 같이 부모님이 작성해야 하는 유인물이 미리 배부되었다면 서류를 꼼꼼하게 작성해서 학교로 가지고 가면 됩니다.

• 2단계 : 정해진 날짜에 정해진 장소로 아이와 함께 간다.

• 3단계 : 학교의 안내에 따라 줄을 선다.

취학 아동 명부는 주소지별, 이름순으로 정리되어 있어 주로 주소지별로 모여 진행됩니다. 학교의 사정에 따라 교무실, 강당, 교실 등에서 절차를 진행합니다.

• 4단계 : 차례가 되면 취학통지서를 제출한다.

담당 선생님이 취학통지서와 취학 아동 명부를 대조해보고 예비 입학생의 신원을 확인합니다. 간단한 인사를 나누고 몇 가지 서류를 전달받습니다.

• 5단계 : 늘봄학교를 신청해야 한다면 관련 신청 절차를 밟는다.

'이게 뭐지? 끝인가?'라는 생각이 들면 끝입니다. 기대했던 것보다 특별한 것은 없기 때문에 약간의 실망감이 들 수도 있습니다.

예비소집일에 받는 서류

예비소집일에 받는 서류에는 학교 현황과 시설 안내, 학교 교육 활동 안내, 예방접종 확인서, 아동 기초조사서(가정환경조사서), 돌봄 신청서 등이 있습니다. 학교에서 받은 서류는 정해진 날에 제출해야 하는 서류도 있고, 필요에 따라 신청해야 하는 서류도 있기 때문에 하나씩 꼼꼼하게 살펴보아야 합니다. 만약 유인물을 분실하거나 훼손했을 때는 학교 홈페이지에 올라와 있는지 먼저 확인해 보세요. 홈페이지에 있으면 파일을 다운받아 출력해서 사용하면 됩니다. 홈페이지에서 찾을 수 없을 때는 학교 교무실에 문의하면 쉽게 해결할 수 있습니다.

• 새내기 학부모 길라잡이

초등학교 교육에 대한 이해와 학교생활 안내를 위해 교육청이나 학교에서 제작한 안내문입니다. 학교생활에 대한 전반적인 안내와 입학생 안전 교육, 학교생활 Q&A를 담고 있습니다.

• 수익자부담 경비 납부 방법 신청 출금동의 안내 (스쿨뱅킹)

수익자부담 경비란 혜택을 보는 이가 부담하는 경비라는 뜻입니다. 즉 학부모 부담금과 같은 것이죠. 일반 공립초등학교에서는 수익자부담 경비가 발생하는 경우는 많지 않습니다. 현장체험학습비, 졸업앨범비 등이 수익자부담 경비에 해당합니다. 이를 계좌로 자동이체할지, 아니면 신용카드로 납부할지 방법을 선택해야 합니다. 계좌 자동이체를 원할 경우에는 배부된 신청서를 작성해서 제출하면 됩니다. 만약 신용카드로 납부하고자 한다면 카드사로 직접 신청합니다.

• 교육 급여 및 교육비 지원 안내

각 시도교육청에서는 기초생활보장제도의 일환으로 중위소득 50퍼센트 이하의 저소득층 가정에 교육 급여와 교육비를 지원합니다. 교육비 항목별로 지원 기준이 정해져 있으니 복지로 홈페이지(www.bokjiro.go.kr) 또는 교육비 원클릭 사이트(oneclick.moe.go.kr)에서 기준과 신청 절차를 확인해보세요.

• 개인정보 동의서

학교 홈페이지 관리 및 교내외 교육 활동 운영, SMS 문자 서비스 관리, CCTV 관리, 도서관 활용, 온라인 수업 등을 위해 개인정보 동의서를 받습니다. 내용을 읽어보고 개인정보 수집 동의에 체크하면 됩니다.

• 학생 기초조사서

예비소집일에 받은 여러 안내장 중에 학생 기초조사서가 있습니다. (입학식 날 배부하는 학교도 있습니다.) 학생 기초조사서는 1학년뿐만 아니라 전교생이 새 학년이 되면 새 담임선생님께 제출하는 기본 서류입니다. 만약 음식 알레르기가 있거나 복용 중인 약이 있다면 학생 기초조사서에 메모해서 담임선생님께 꼭 알려주세요.

• 예방접종 확인서

초등학교 입학할 때 학교에 제출해야 하는 서류 중 예방접종 확인서가 있습니다. 본격적인 단체 생활에 앞서 예방접종 중 빠뜨린 건 없는지 꼼꼼하게 살펴주세요. 만 4세에서 6세 사이에 하는 추가 예방접종에는 일본 뇌염, DTap(디프테리아/백일해/파상풍), 소아마비, MMR(홍역/볼거리/풍진), 수두, 인플루엔자, 장티푸스 등이 있습니다. 자세한 목록 및 접종 여부를 확인하려면 질병관리청의 '예방접종도우미' 사이트에서 확인할 수 있습니다.

만약 입학 이후에 빠진 예방접종이 발견되면 학교에서 개별 가정통신문이 나갑니다. 예방접종을 했는데 전산 등록이 되지 않은 경우도 있으니 보건소에 확인해보시고요. '예방접종 금기자'는 진단받은 의료기관에, 예방접종 금기 사유를 통합관리시스템에 전산

질병관리청 예방접종도우미
회원가입 후 로그인하여 아이 정보를 등록하면 예방접종 내역을 조회할 수 있습니다. 예방접종을 완료했으나 전산 등록이 되지 않은 경우에는 접종 기관에 전산 등록을 요청해야 합니다.

예방접종 내역 전산 등록 방법 확인

예방접종도우미 홈페이지에 회원가입하고 자녀 등록

예방접종도우미 홈페이지 로그인 → 예방접종 관리 → 자녀 예방접종 관리 → 아이 정보 등록

등록된 자녀의 접종 내역 확인

예방접종도우미 홈페이지 로그인 → 예방접종 관리 → 자녀 예방접종 관리 → 아이 예방접종 내역 조회

인터넷 정부24(민원24) → 예방접종 증명서 → 무료 발급 · 확인

예방접종을 받은 의료기관 또는 보건소 → 접종 여부 확인

4~6세 추가 예방접종

종류	접종 연령	비고
DTaP 5차	만4세~6세	디프테리아, 파상풍, 백일해
풀리오(IPV) 4차		소아마비
MMR 2차		홍역, 풍진, 유행성이하선염
일본뇌염 LJEV(불활성화 백신) 4차 또는 약독화 생백신 2차		

등록되도록 요청하셔야 합니다. 단, 전산 등록이 어려운 경우에는 학교에서 진단서를 보건소로 제출하게 되어 있습니다. 예방접종을 하지 않은 이유를 학교에 통보해야 하고 특별한 사유가 없는 경우에는 학교에서 지정해주는 기간 내에 접종하도록 권고하고 있습니다.

예비소집일에 꼭 해야 하는 것

• 신변 확인

예비소집일은 올해 입학하는 입학생을 정확하게 파악하는 날이기도 합니다. 따라서 꼭 아이와 함께 학교를 방문해야 합니다. 예전에는 아이를 동반하지 않아도 큰 문제는 없었지만 최근 가정폭력이나 실종과 같은 불미스러운 사건으로 아이의 신변을 학교에서 꼭 확인하도록 되어 있습니다.

• 학교에 온 김에 해보면 좋은 활동

예비소집일과 입학식 외에는 부모님과 아이가 함께 학교에 등교를 할 수 있는 행사는 거의 없다고 보면 됩니다. 그런 의미에서 예비소집일은 행사 내용에 비해 굉장히 특별한 날이기도 합니다. 아이가 처음으로 학교에 가는 날, 긴장 속에 내딛는 발걸음에 부모님과 함께할 수 있다면 우리 아이는 얼마나 안심이 될까요?

집에서 학교까지의 통학로도 함께 걸어보고 교문을 통과해서 건물로 들어가는 방법도 익혀보는 좋은 기회가 바로 예비소집일입니다. 학교의 분위기도 함께 느껴보고 가까운 화장실의 위치를 확인해볼 수도 있습니다. 가능하다면 혼자 사용하는 것도 지켜봐주고요. 부모님과 함께 화장실을 사용해본 경험이 있다면 아이가 혼자 이용할 때도 좀 더 편안하게 드나들 수 있게 될 거예요.

예비소집일에 대한 기타 궁금증

"예비소집일에 가면 몇 반인지 알 수 있나요?"

"교장 선생님 훈화 말씀 같은 공식적인 예식이 진행되나요?"

"교과서는요?"

"교실을 구경하나요?"

"담임선생님 소개는요?"

아이의 입학을 앞둔 부모님들께 자주 듣는 질문입니다. 위의 질문에 대한 대답은 모두 '아니요'입니다. 예비소집일에는 담임 배정이나 반 편성이 되지 않은 시기이기 때문에 담임교사, 학반, 교실에 대한 정보는 얻을 수 없습니다. 그리고 행정적인 절차를 보는 날이기에 공식적인 예식이 따로 진행되지 않습니다.

◇예비소집일에 학교를 방문하기 어려우면 어떻게 하나요?

피치 못할 사정으로 예비소집일에 참석할 수 없다면 예비소집일 이전에 미리 학교에 연락해야 합니다. 그러면 학교에서 학교 방문이 가능한 다른 날 올 수 있도록 배려해줍니다. 간혹 깜박해서 불참하는 경우도 있습니다. 이때는 학교에서 가정으로 연락을 합니다. 가급적이면 달력에 잘 표시해두고 약속된 날짜와 시간을 지켜주면 입학을 앞둔 아이의 마음도 불안하지 않을 거예요.

◇예비소집일에 다른 보호자가 가도 될까요?

사정상 부모님이 못 오는 경우에는 다른 보호자가 와도 무방합니다. 할머니, 할아버지, 고모, 이모, 삼촌 모두 괜찮습니다. 물론 입학 예정인 아이의 손을 꼭 잡고요.

◇예비소집일에 늘봄학교 신청도 해야 하나요?

안내장만 배부하고 신청은 보통 2월 말경에 합니다. 지역에 따라 인터넷으로 접수하는 경우도 있고, 학교로 신청서를 제출하는 경우도 있으니 안내장을 꼼꼼히 읽어보고 신청해야 합니다.

TIP

늘봄학교
(방과후학교와 돌봄교실)

초등학교에는 정규 수업이 끝난 후 학교 안팎에서 여러 가지 프로그램을 마련해두고 있습니다. 바로 '늘봄학교'지요. 초등학교 하교 이후의 돌봄 공백이 부모의 경력 단절과 사교육비 증가로 이어진다는 사회적 요구를 반영한 제도입니다.

2024년부터 시범 운영된 늘봄학교는 기존의 방과후수업과 돌봄교실을 통합한 프로그램입니다. 즉 '초등 방과후학교'와 '초등 돌봄교실'을 합쳐서 '늘봄학교'라고 부릅니다. 과거 돌봄전담사와 방과후강사도 늘봄전담사와 늘봄프로그램 강사로 호칭이 변경되었고요. 가장 큰 변화는 '지원 대상'입니다. 기존의 돌봄교실은 저소득층과 맞벌이 가정 등을 우선순위로 신청받았다면 늘봄학교는 누구나 이용할 수 있습니다. 단, 2025년에는 초등 1학년부터 2학년까지, 2026년에는 모든 초등학생이 늘봄학교를 이용할 수 있도록 연차별로 확대됩니다.

또 다른 변화는 기존 방과후나 돌봄 선택 방식이 아닌 시간대별로 아이들의 필요에 따라 맞춤형 서비스가 제공된다는 점입니다. 기존에는 정규 수업(오후 1시경)이 끝나고 신청 여부에 따라 방과후 수업을 듣거나 돌봄교실을 이용했다면 변경된 늘봄학교에서는 정규 수업 후에 초1 맞춤형 프로그램(무료)에 참여하거나 선택형 프로그램(기존의 방과후학교 수업)을 들을 수 있습니다. 학교와 교육청의 여건에 따라 아침늘봄과 저녁늘봄을 운영되기도 하고요.

기존에는 방과후와 돌봄을 5시 전후로 마쳤다면 늘봄학교는 최장 오후 8시까지 확대 운영되기도 합니다. 초등 1학년의 학교 적응을 지원하는 놀이 중심 프로그램을 학교 여건에 맞게 제공하고요. 주말이나 방학에는 지자체나 공공기관, 대학 등과 연계한 프로그램이 운영되니 학교에서 안내하는 내용을 자세히 살펴보세요. 양질의 프로그램을 찾을 수 있을 거예요.

기존의 돌봄교실은 학교 내에 별도의 공간이 마련되어 있어야 합니다. 물리적 공간이 한정되다 보니 돌봄교실을 신청하더라도 탈락되는 경우도 빈번했죠. 국가에서는 일부만 누리는 돌봄이 아니라 희망하는 모든 학생이 참여할 수 있는 또 다른 제도의 필요성을 인식한 거예요. 그것이 바로 늘봄학교입니다. 공간이나 인력 부족 문제를 해결하기 위해 학교 안 자원뿐만 아니라 학교 밖 지역 인프라도 활용하게 된 거죠.

늘봄학교는 크게 두 가지 서비스로 나눌 수 있습니다. 하나는 기존의 돌봄교실과 같은 돌봄서비스이고, 다른 하나는 방과후학교에서 제공하던 다양한 프로그램 서비스입니다.

초1 맞춤형 프로그램

초등 1학년 학생 중에서 희망자에 한해 매일 2개 프로그램 이내로 무료로 제공되는 프로그램입니다. 학교에 따라 영어, 컴퓨터, 미술, 바이올린, 음악줄넘기 등의 프로그램이 마련되어 있습니다. 1학년이라면 누구나 혜택을 받을 수 있으니 아이가 관심있어 하는 프로그램에 참여할 수 있도록 지원해주세요.

선택형 프로그램

초1 맞춤형 프로그램에서 지원받은 것 외의 수업에 참여하고 싶다면 선택형 프로그램으로 신청하면 됩니다.

- **프로그램 신청 방법** : 지역에 따라 신청 방법이 다릅니다. 인터넷 사이트나 앱을 통해 신청을 받는 지역도 있고, 학교에 신청서를 제출하는 지역도 있습니다. 프로그램은 대체로 2개월이나 3개

월 단위로 나누어 신청이 이루어집니다. 방학 중에는 오전으로 시간표가 변경되어 진행될 수도 있으니 예비소집일이나 입학식 날 배부되는 안내서를 꼼꼼히 살펴보고 아이가 원하는 강좌를 절차에 따라 신청하면 됩니다.

돌봄서비스

돌봄서비스는 등교 전이나 방과 후에 아이들을 돌봐주는 학교 프로그램입니다. 유치원이나 어린이집은 종일반 제도가 있어서 맞벌이 부부라도 늦은 시각까지 아이를 맡길 수 있습니다. 하지만 초등 1학년은 보통 오전 8시 30분 이후에 등교해서 오후 1~2시에 하교를 하다 보니 돌봄이 고민될 수밖에 없습니다. 과거에는 차상위계층이거나 맞벌이 가정 등의 조건에 만족해야 서비스를 이용할 수 있었지만 늘봄학교로 변경된 후부터는 누구나 이용할 수 있게 되었습니다. 돌봄서비스는 늘봄전담사가 별도의 교육 과정으로 아이들과 함께 시간을 보냅니다.

- **대상** : 2025년 초등 1~2학년, 2026년 초등 전 학년
- **운영 시간** : 정규 수업 전 아침늘봄, 정규 수업 후 8시까지 저녁늘봄(시작 시간과 마치는 시간은 지역과 학교에 따라 다릅니다)
- **비용** : 무료
- **프로그램** : 독서, 놀이, 과제, 휴식 등 보육 위주의 프로그램을

운영하고 외부 강사를 초빙한 체험 프로그램을 제공하기도 합니다.

늘봄학교 일정을 아이에게 잘 인지시키기

입학 초기에는 본인이 그날 어떤 프로그램을 해야 하는지 정확하게 인지하지 못하고 우왕자왕하는 경우가 많습니다. 특히 입학식 다음 날부터 수업이 진행되는 경우가 많아 학교 건물에 익숙하지 않은 아이들이 당황하기도 합니다. 담임선생님도 아이가 정규 수업 이후에 어떤 프로그램을 신청했는지 모를 수 있습니다. 쉽게 생각해서 학교 수업 마치고 학원을 가는 것처럼 말이죠. 그래서 늘봄학교 프로그램이 있는데 곧장 하교하는 아이들도 있고, 프로그램 요일을 헷갈려 다른 교실에 찾아가는 아이도 있습니다.

늘봄 시간표를 잘 확인해서 첫날부터 아이가 당황하지 않도록 인지시켜 주세요. 그날 알림장이나 메모장에 미리 "수업 후에 로봇 교실 수업이 있으니 3층 과학실로 가기" 이렇게 잘 보이게 써주면 잊지 않고 갈 수 있습니다. 초등 저학년 때 정규 수업 외의 늘봄프로그램에 참여하면 학교 구석구석을 다녀보게 되고, 같은 관심사를 가진 친구를 사귈 수 있는 등 학교생활 적응에 여러모로 도움이 됩니다.

◇ 학교 밖 돌봄서비스

관할 주민센터나 복지관 등에서도 돌봄이 필요한 아이들을 위해 돌봄서비스나 공부방을 운영하기도 합니다. 학교 돌봄교실과 마찬가지로 저소득층이나 차상위계층의 자녀, 한부모 가정이나 맞벌이 가정의 자녀를 대상으로 합니다. 관할 지역의 아이들을 대상으로 하며 무료나 저렴한 비용으로 이용할 수 있습니다.

여성가족부에서 운영하는 아이돌봄 서비스를 받을 수도 있습니다. 아이돌봄 지원 사업은 부모의 맞벌이 등으로 양육 공백이 발생한 가정의 만 12세 이하 아동을 대상으로 아이돌보미가 찾아가는 돌봄서비스입니다. 자세한 내용은 아이돌봄서비스 사이트에서 이용 대상, 이용 방법, 비용 등을 확인해보시면 됩니다.

여성가족부 아이돌봄서비스

홈페이지 회원가입 후 정회원이 되어야 돌봄서비스 신청이 가능합니다. 소득 기준에 따라 지원 내용이 달라지며, 국민행복카드로 서비스 이용 요금을 지불하게 됩니다.

초등학교 선택과 입학 절차

초등 입학을 앞두고 있으면 학교를 선택하는 데서부터 순조롭게 입학하는 그날까지 끊임없는 고민과 걱정의 연속입니다. 사립초등학교를 보낼지, 공립초등학교를 보낼지에 관한 고민부터 입학 과정에 대한 사소한 궁금증은 의논하거나 물어볼 데도 마땅치가 않습니다. 우리 아이를 위해 최선의 선택을 할 수 있도록 꼼꼼히 알려드릴 테니 선택과 결정에 도움이 되었으면 합니다.

초등학교의 종류

◇공립초등학교

- **공립(일반)초등학교** : 공립초등학교는 각 시도 교육청 산하의

일반 초등학교입니다. 일반적으로 주소지에 따라 배정되는 학교이며 취학통지서에 안내되는 학교입니다. 초등 교육은 의무교육이기 때문에 별도의 교육비가 들지 않습니다.

• **국립초등학교** : 국립초등학교는 대개 국립대학교에서 부설로 운영하고 있습니다. 교대 부설 또는 국립 사범대 부설 초등학교가 여기에 속합니다. 다양한 교육 프로그램을 운영하기 때문에 인기가 많습니다. 사립초등학교와 비교해 교육비가 거의 들지 않는 데다가 전국에 17개교밖에 없어 입학 경쟁이 특히 치열합니다. 일반 초등학교나 혁신학교는 취학 연령이 되면 취학통지서를 통해 학교를 배정하지만 국립초등학교는 사립초등학교처럼 지원과 추첨으로 학생을 선발합니다. 또 통학 구역에 제한을 받지 않기 때문에 통학버스를 이용하거나 부모님이 등하교를 도와주어야 합니다.

• **혁신학교** : 입시 위주의 획일화된 교육 과정을 탈피해 학생의 창의성과 자기 주도 능력을 키워주기 위해 새로운 교육 과정을 제시하는 학교 모델입니다. 기존의 일반 공립초등학교를 혁신학교로 변경해 운영하는 경우가 많습니다. 2019년에는 전국 초중고의 13퍼센트에 해당하는 1,525개교가 혁신학교로 전환되었고, 2022년 기준으로는 2,746개교로 대폭 증가하여 운영되고 있습니다. 혁신학교는 교육청에서 혁신학교 추가 예산을 지원받습니다. 혁신학교

도 공립초등학교에 해당하기 때문에 주소지에 해당하는 학교로 배정을 받게 됩니다.

◇사립초등학교

교육부의 인가를 받은 법인 단체가 운영하는 학교입니다. 학부모가 내는 교육비로 운영되기 때문에 공립초등학교와 비교해 상대적으로 교육비가 많이 드는 편입니다. 수업료는 물론 급식비, 특별 활동비, 부대 비용 등을 부모님이 부담해야 하기에 연간 1,000만 원 이상의 학비가 소요되는 곳도 많습니다. 공립초등학교와 교육 과정은 같지만, 시설이나 교육 프로그램에서 차이가 나기도 합니다. 입학생은 주로 추첨으로 선발합니다. 국공립 초등학교 교사는 국가에서 시행하는 임용시험을 통해 자격을 취득한 교육 공무원이지만 사립초등학교 교사는 해당 재단에서 자격 요건에 맞추어 채용하므로 교육 공무원 신분이 아닙니다. 사립초등학교는 전국 73개교가 있으며 이 중 절반가량인 38개교가 서울에 집중되어 있습니다.

◇대안학교

대안학교는 국가 중심 교육 과정이 아닌 자율적인 교육 프로그램을 운영하는 학교입니다. 종교단체나 시민단체 또는 교육 목적에 뜻을 함께하는 부모님들의 공동육아나 생활협동조합 형태로 학교를 설립하고 운영하는 곳이 있습니다. 학교에 따라 출자금이나 입학금, 교육비가 발생하며 이는 부모가 전액 부담해야 합니다.

대안학교는 일반적인 학교 교육 과정과 운영 형태가 다를 수 있어 학력 인정 부분에 제약이 따르기도 하니 자세히 알아보아야 합니다. 다시 말해 학력 인정 대안학교를 졸업하게 되면 학력을 인정받지만 비인가 대안학교를 졸업하게 되면 초등학교 졸업 학력 검정고시를 치러 학력을 취득해야 합니다. 대안학교가 아이를 위한 가장 좋은 선택이 되기 위해서는 부부가 같은 교육관을 가지고 입학 전에 자녀의 성향, 재능, 기질, 발달 수준을 잘 파악해야 합니다. 그다음 아이에게 잘 맞는 학교를 찾기 위해 발품을 팔아야겠지요.

◇외국인학교

외국인학교는 국내에 거주하는 외국인의 자녀(부모 중 한 명이 외국인인 경우도 해당함) 또는 일정 기간 이상 해외에 거주한 경험이 있는 내국인 자녀가 입학 대상입니다. 대개 해외에 3년 이상 거주했거나 6학기를 외국에서 수학한 경우입니다. 우리나라에는 40여 개의 외국인학교가 있습니다. 연간 등록금이 2,500만 원 수준으로 사립초등학교에 비해서도 월등히 비싼 편입니다. 학교 정원의 30퍼센트는 내국인 자녀 중에서 선발합니다. 대체로 외국인학교는 국내 대학 진학 시 학력 인정이 되지 않아 외국 대학 진학을 목표로 하는 경우가 많습니다.

◇국제학교

국제학교는 2010년 이후 경제자유지역 및 제주국제자유도시의 외국교육기관 설립 · 운영에 관한 특별법에 따라 설립된 학교입니다. 현재 국내 인가를 받은 국제학교는 7곳입니다. 제주도의 노스런던컬리지에잇스쿨NLCS, 세인트존스베리SJA, 브랭섬홀 아시아국제학교BHA, 한국외국인학교KIS, 인천 채드윅 송도국제학교CI, 대구국제학교DIS와 23년 9월에 개교한 칼빈매니토바국제학교가 정식 국제학교입니다. 인터넷에 검색되는 많은 국제학교는 외국인학교의 다른 명칭이거나 비인가 학교일 확률이 높습니다. 정확한 안내는 '외국교육기관 및 외국인학교 종합 안내' 홈페이지에서 확인할 수 있습니다.

외국교육기관 및 외국인학교 종합 안내
홈페이지의 '학교정보 항목'에서 각 학교의 교육 과정, 학교 현황, 졸업생 진로 현황, 학교 유형별 제도를 비교하며 확인할 수 있습니다.

비싼 학비에도 불구하고 국제학교의 경쟁률은 치열합니다. 입시 경쟁이 치열한 국내 교육 현실에서 벗어나기 위해서이기도 하고 글로벌 인재로 키워 외국 대학에 진학시키려는 목표를 가지기도 합니다. 국제학교는 외국인학교처럼 해외 거주 3년 이상, 외국학교 6학기 이수와 같은 별도의 조건이 필요 없고 국내 학력 인증 또한 가능하기 때문에 경쟁률은 치열합니다.

그 외에 장애인 교육을 위한 특수학교도 있습니다. 특수학교도 국립, 공립, 사립으로 구분되어 있으며 장애 유형에 따라 나눌 수도 있습니다. 자녀의 발달 상황과 경제적 여건, 추구하는 교육관에 따라 어떤 형태의 초등학교가 적합한지 미리 결정할 필요가 있습니다. 만약 공립초등학교 이외의 초등학교에 입학하려면 최소 7월에서 9월 사이에는 입학하고자 하는 학교의 시설, 교육 과정, 교육비, 교육 프로그램, 통학 방법, 입학 일정을 확인한 뒤 입학을 준비해야 합니다.

학교별 입학 절차

◇공립초등학교 입학 절차

법령에 의하면 같은 해에 태어난 유아는 모두 같은 학년에 입학하게 되어 있습니다. 예를 들어 2025학년도 취학 연령은 2018년 1월 1일부터 2018년 12월 31일 사이에 태어난 모든 아이가 초등학교 입학 대상자입니다. 입학 대상자가 되면 국가에서는 일괄적으로 12월 중에 취학통지서를 각 가정으로 배부합니다. 혁신학교를 포함한 일반 공립학교의 경우 관할 주소지 통학 구역에 맞춰 입학 대상 아동에게 학교를 배정합니다. 통학 구역은 통학 거리뿐만 아니라 학교의 학생 수용 인원 등을 고려하여 결정되기 때문에

공립 vs 사립 초등학교 차이점 알아보기

	공립초	사립초
교육 과정	국가 수준 교육 과정에 준함	국가 수준 교육 과정에 준함
교육 프로그램	정규 수업 및 학교 특색 교육 진행	정규 수업 외에 예체능과 어학 교육이 잘 갖춰짐
교육비	무상교육(체험학습비와 방과후학교는 신청자가 교육비 부담)	– 입학금 : 50~100만 원 – 수업료 : 학기당 300~500만 원 – 급식비 : 월 5~6만 원 – 연간 총 800~1,600만 원
교육 시설	학교마다 편차가 큼	학교 시설이 대체로 우수한 편
통학 거리	근거리 배정 원칙으로 대체로 도보로 통학 가능	– 통학버스를 이용하여 등하교하는 편임, 집 근처 공립초등학교와 비교해 통학 시간이 김 – 통학버스 비용 추가 발생
교우 관계	학교 친구가 가까운 이웃임	집 근처에 학교 친구가 드묾
기타 차이점	– 평준화된 교육 시스템이므로 개별화 교육의 기회가 부족함 – 교사의 이동이 잦기 때문에 올해 맡은 선생님이 다음 학년도에 다른 학교로 이동하는 경우가 빈번함	– 악기, 스포츠, 어학 등의 폭넓은 교육 기회가 제공됨 – 교사의 이동이 거의 없어서 6년간 한 학교에 다니면 선생님과 학생이 서로를 잘 알게 됨 – 과도한 학습량으로 인해 학습 부담을 가질 수도 있음

배정받은 학교에 입학하는 것이 원칙이지요. 인근의 다른 공립초등학교에 입학시키고 싶더라도 부모님 임의로 선택할 수는 없습니다.

◇사립초등학교 입학 절차

만약 공립초등학교가 아닌 국립이나 사립초등학교, 대안학교, 특수학교 등을 염두에 두고 있다면 미리 학교별 입학 지원 절차와 시기를 확인해야 합니다. 공립초등학교는 별도의 신청 없이 주거지를 기준으로 주민센터에서 취학통지서를 직접 배부해주지만 사립초등학교는 해당 학교에 부모님이 입학 원서를 제출한 뒤 추첨으로 입학 여부가 결정됩니다. 만약 해당 학교에 당첨이 되면 당첨 통지서를 해당 주민센터에 제출해야 합니다. 그러면 주민센터에서 입학이 결정된 학교로 변경된 취학통지서를 배부해줍니다.

- 7~9월 : 희망 사립학교 사전 조사, 희망 학교 선정
- 10월 초 : 희망 사립학교의 입학 지원 절차 확인
- 10월 말~11월 중순 : 사립학교 입학 원서 교부 및 접수
- 11월 말 : 사립초등학교 입학 추첨
- 12월 초 : 입학 허가증(당첨 통지서)을 주민센터에 제출
- 1~2월 초 : 신입생 예비소집일
- 3월 2일 : 입학

◇국립초등학교 입학 절차

국립초등학교 대다수가 10월 말에서 11월 중에 입학 원서를 교부합니다. 입학 신청은 학교 방문이나 인터넷 접수로 가능하고 3~5만

원 정도의 전형료가 있습니다. 추첨은 11월 말경에 이루어지며 지원 학생이 수험표를 지참하고 참석해야 합니다. 추첨과 동시에 선발 여부가 결정되며 그 자리에서 바로 입학 확인서를 교부받게 됩니다. 입학 전 등록을 포기한 학생이 생기면 예비 합격자 순위에 따라 충원을 하게 됩니다.

만약 지원자 수가 입학 정원에 미치지 못하면 추첨 없이 지원자 전원이 입학을 할 수 있지만, 추첨일 당일에 불참하게 되면 입학이 취소될 수도 있습니다. 따라서 다른 지원 학교와의 학사 일정이 겹치지는 않는지 추첨 일시를 잘 확인한 후 접수해야 합니다. 국립초등학교도 사립과 마찬가지로 입학이 결정되면 입학 확인서(합격 통지서)를 관할 주민센터에 제출해야 합니다. 그러면 취학통지서에 주소지의 학교가 아닌 배정받은 학교명으로 기재됩니다. 이후의 입학 일정은 일반 초등학교와 동일합니다.

입학에 대해 자주 나오는 질문

Q. 취학통지서를 받고 입학 전에 이사를 하게 되면 어떻게 하나요?

A 학교로 배정을 받은 후에 B 학교가 학군인 지역으로 이사를 하게 되면 B 학교로 입학을 해야 합니다. 이 경우에는 먼저 이사한 지역의 주민센터에 해당 사실을 알리고 이미 받은 취학통지서를 B 학교에 제출합니다. 이때 A 학교에는 꼭 전화로 이 사실을 알려주세요. "이사를 하게 되어 B 학교에 입학할 예정입니다"라고 전화로 간단히 알려주면 이후에 있을 행정적인 일은 A 학교와 B 학교, 주민센터에서 처리합니다. 만약 A 학교에 알리지 않으면 입학식 날 오지 않는 아이 때문에 곤란한 상황이 발생하기도 합니다.

입학 전 주거 이전의 경우

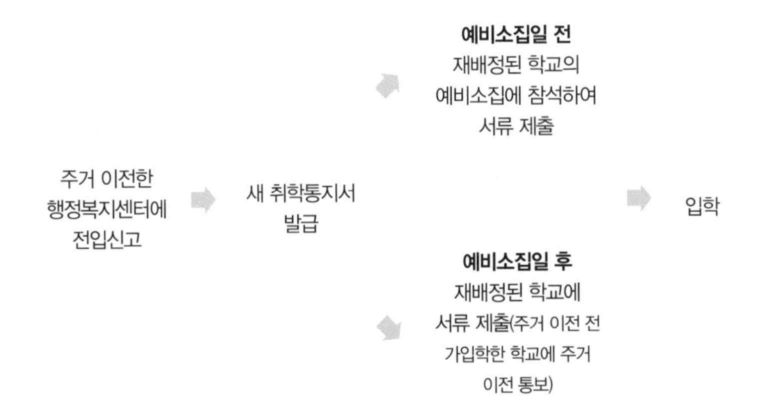

Q. 아이가 인지 능력과 성장 면에서 또래 아이들보다 빠른 편이라 1년 빨리 입학시킬 수 있나요?

드물지만 여러 사정으로 학교에 조금 일찍 가거나 조금 늦게 가기도 합니다. 바로 취학 연령보다 1년 먼저 입학하는 조기 입학 제도입니다. 아이의 입학 시기를 변경하고 싶다면 10월 1일에서 12월 31일 사이에 주민센터에 가서 조기 입학 또는 입학 연기 신청을 할 수 있습니다.

하지만 조기 입학은 신중하게 고민하는 것이 좋습니다. 1학년 교실은 다른 학년에 비해 학생 간의 편차가 매우 큽니다. 모든 아이가 그렇지는 않지만, 생일이 빠른 아이들이 생일이 느린 아이들에 비해 생활 면이나 학습 면에서 빠릅니다. 1월생과 12월생은 거의 1년 가까이 차이가 나다 보니 같은 학년임에도 불구하고 체감적으로 한 학년 가까이 차이나는 것처럼 느껴지기도 합니다.

만약 또래에 비해 빠르다고 판단이 되어 조기 입학을 고려한다면 조기 입학시킬 학년의 빠른 생일의 아이들과 비교하여 선택하는 것이 바람직합니다. 조기 입학으로 또래와 잘 어울리지 못하거나 학습 진도를 따라가는 데 어려움을 겪는 일도 있습니다. (반면 귀여움을 독차지하는 경우도 있긴 하지만요.) 중요한 것은 조기 입학의 이유가 아이의 발달을 고려해서인지, 부모님의 욕심 때문인지 구별해야 합니다.

Q. 건강상의 이유로 1년 늦게 입학시킬 수 있나요?

입학 연기는 취학 연령보다 1년 늦게 학교에 입학하는 제도입니다. 대부분의 아이가 취학 연령에 맞게 입학하지만, 신체 발달상 입학이 어렵다고 판단이 되거나 건강상의 문제로 입학에 어려움이 있는 경우에 입학 연기를 신청하기도 합니다. 만약 이 경우에 해당하여 입학 연기를 고려한다면 부모님의 판단만으로 신청하는 것보다 담당의와 같은 전문가의 의견을 참고하여 신중하게 결정하는 것이 좋습니다. 조기 입학이나 입학 연기는 학교장의 판단 절차를 거치지 않고 학부모의 선택에 따라 확정되므로 신중히 판단해야 합니다.

간혹 출생일이 늦어 학교생활에 적응이 어려울지도 모른다는 부모의 판단에 따라 입학 연기를 고려하는 경우도 있습니다. 하지만 가급적이면 취학 연령에 맞게 입학하는 것이 아이가 학교생활에 적응하는 데 더 좋습니다. 저학년 때는 출생 개월에 따라 약간의 발달 차이를 보이기도 하지만 2학년 정도만 되어도 전반적인 성장 속도가 안정화되면서 학습 능력에 큰 차이를 보이지 않습니다. 입학 이후에 건강상의 문제로 등교하지 못하더라도 학교에서는 그에 따른 적절한 조치를 취할 수 있으니 너무 염려하지 마세요.

입학 연기

- **대상자**: 취학 연령보다 1년 늦게 입학을 희망하는 자
- **신청 방법**: 학부모가 행정복지센터 또는 면사무소에 신청
- **신청 기간**: 10월 1일부터 12월 31일까지

(신청 기한 이후에는 학교장에게 신청하는 '취학 유예'만 가능)

조기 입학

- **대상자**: 취학 연령보다 1년 일찍 입학을 희망하는 자
- **신청 방법**: 학부모가 행정복지센터 또는 면사무소에 신청
- **신청 기간**: 10월 1일부터 12월 31일까지

(1년 조기 입학만 가능)

취학 유예

- **대상자**: 질병, 발육 상태 등의 부득이한 사유로 취학 의무를 유예하려는 아동
- **신청 방법**: 아동의 보호자가 학교를 방문하여 신청
- **신청 기간**: 취학년도 1월 1일~입학 전 일까지
  (재학 중 질병 등으로 장기간 수업을 받지 못할 경우, 학기 중에도 유예 신청이 가능함)
- **제출 서류**: 취학 의무 유예 신청서 1부, 관련 서류 1부
  (의사진단서, 유예 사유를 증명할 수 있는 서류)
- **유예 기간**: 1년 이내로 하고, 유예 기간을 연장할 필요가 있는 경우 다시 승인을 받아야 함

Q. 학군이 좋은 곳으로 이사를 해야 할까요?

초등학교는 학교마다 학사 일정이나 중점 교육에 약간의 차이는 있으나 대부분 비슷한 수준의 교육 활동이 이루어집니다. 국가 수준 교육 과정을 기준으로 학교 교육 과정을 운영하기 때문이지요. 몇몇 국립초등학교나 사립초등학교를 제외한 공립초등학교에서는 전 교사들이 4~5년 순환제로 학교를 이동합니다. 요컨대 교사의 수준이 거의 균등하다고 볼 수 있습니다. 저도 큰 학교, 작은 학교, 도심에 있는 학교, 근교에 있는 학교를 오가니까요.

저학년 시기에는 학군보다 아이가 편안하게 다닐 수 있는 학교

가 좋은 학교입니다. 좋은 관계의 친구들, 이웃들이 있는 학교, 어렸을 때부터 오고 가며 본 정겨운 학교가 좋은 학교입니다. 좋은 학군을 찾아 이사를 결정하는 것은 부모님의 선택입니다. 하지만 아이의 눈빛도 읽어주세요. 좋은 시설, 좋은 선생님을 만나기 위해서라면 이사까지 고려하지 마세요. 좋은 학군은 좋은 시설, 좋은 선생님이 결정한다기보다 학교 내의 좋은 분위기, 즉 면학 분위기가 결정합니다.

Q. 사립초등학교에 다니다가 공립초등학교로 전학할 수 있나요?

사립초등학교에서 공립초등학교로 전학할 수 있습니다. 만약 전학 계획이 있다면 담임선생님께 전학 의사를 말씀드리고 그 절차를 문의하면 됩니다. 이후에 관할 지역 주민센터에 신고하고 전학할 학교를 배정받습니다. 그리고 배정학교 통지서를 전학할 공립초등학교에 제출하면 됩니다.

반 배정과 입학식

저는 두 아이의 입학식에 모두 참석하지 못했습니다. 개학 첫날부터 제 학급의 아이들을 두고 제 아이를 보러 갈 수 없었기 때문입니다. 제 아이들은 모두 할머니 손을 잡고 초등학교에 입학했지요. 일하는 엄마라는 사실이 아이들에게 너무나도 미안했던 순간입니다. 친정엄마로부터 받은 입학 동영상에서 손톱보다 더 작게 찍힌 아이의 얼굴이 흐릿하게 보였던 이유가 친정엄마의 낡은 핸드폰 때문인지, 미처 삼키지 못했던 눈물 탓인지는 알 수 없습니다.

비록 제 아이의 입학식에 함께하지 못해 아이에 대한 미안함은 있었지만, 부모의 부재에서 오는 걱정은 크게 없었습니다. 학교에 있다 보니 반 배정과 입학식 관련 절차상 엄마 대신 할머니가 참석해도 아무 일이 일어나지 않는다는 사실을 누구보다 잘 알고 있기 때문이지요.

1학년 반 배정의 기준

입학 통지서를 받고 나면 예비소집일이 기다려집니다. 예비소집일에 다녀온 뒤에는 반 배정 결과가 기다려지지요. (그렇죠?) 1학년 반 배정은 어떻게 되는지 궁금하시죠? 결론부터 말씀드리면 복불복입니다. 복불복인 반 배정의 과정, 간략히 안내해드릴게요.

먼저 예비소집일에 취학통지서를 학교로 제출하면 학교에서는 취학통지서로 실제 우리 학교에 입학할 1학년 학생의 명단을 정리합니다. 학생들에 대한 정보는 부모님이 적어서 제출한 학생 기초 조사서에 적힌 것이 전부입니다. 사실 학생에 대한 유의미한 정보가 거의 없는 거지요. 그렇다면 대충 뽑아 한 반을 만들까요? 그렇지는 않습니다. 반 배정의 기준은 학교마다 조금씩 다르지만, 일반적인 기준은 있습니다. 대체로 주소지 별로 골고루, 태어난 달도 골고루 배정합니다. 또 반마다 비슷하게 남녀 인원수를 맞추지요. 이후 2학년부터는 학업 수준, 태도, 교우 관계 등을 두루 고려하여 각 반의 수준이 비슷하도록 반을 편성합니다.

◇쌍둥이라면 같은 반에 배정받는 게 좋을까요?

쌍둥이의 경우에는 부모님이 원한다면 대부분의 학교에서 같은 반에 배정해줍니다. 같은 반에 배정받게 되면 같은 수업이 진행되기 때문에 준비물을 동시에 챙길 수 있습니다. 반대로 각각 다른 반에 배정받게 되면 수업 진도가 동일하지도 않고, 챙겨야 할 준비물도 다를 수 있기 때문에 그만큼 손이 두 번 가게 됩니다. 학교라는 낯선 환경에 적응하는 과정에서 형제자매가 한 공간에 있다는 것은 심리적으로 큰 위안이 되기도 합니다. 이런 이유로 많은 부모님들이 같은 반에 배정받기를 원합니다.

반면 쌍둥이기 때문에 다른 반으로 배정받기를 원하기도 합니다. 쌍둥이는 선생님과 친구들로부터 자연스럽게 주목을 받기도 합니다. 이런 관심을 좋아하는 아이도 있지만 부담스러워하는 아이도 있습니다. 그래서 학년이 올라가면서 분반을 선택하는 경우가 많습니다. 경험상 처음부터 다른 반을 선택하는 쌍둥이 형제자매는 대체로 자립적인 아이들입니다. 형제자매가 한 반이 아니더라도 혼자 잘 생활할 수 있다는 자신에 대한 믿음이 확실한 아이들이죠. 물론 1학년 때는 자립심이 조금 부족하더라도 커가면서 마음이 단단해지니 분반은 천천히 고려해도 괜찮습니다.

요컨대, 아이의 기질을 잘 고려하여 반 배정을 선택하면 됩니다. 중요한 것은 부모님이 같은 반, 혹은 다른 반으로 배정받기를 원한다는 의사를 학교에 전해주어야 합니다. 학교에서는 쌍둥이인지 알 수 있는 시스템이 없기 때문이에요. 쌍둥이라면 반 배정에 관한 의사를 미리 꼭 알려주세요.

◇특정 아이와 같은 반이나 다른 반이 되게 해달라고 부탁해도 될까요?

반 배정 시기가 되면 항상 듣게 되는 질문입니다. 물론 입학을 앞두었을 때뿐만 아니라 전 학년에 해당하는 질문이지요. 단지 친하다는 이유로 같은 반이 되게 해달라거나, 사이가 좋지 않다는 이유로 다른 반이 되게 해달라는 부탁은 들어주기 어렵습니다. 단, 학교폭력의 피해자와 가해자 사이와 같은 매우 특별한 경우라면 학교에 미리 알려주세요. 초등 1학년의 경우에는 그 정도로 특별한 경우는 드물겠지만요. 그래도 학교에서 충분히 수긍할 만한 사유가 있다면 학교에 직접 말씀해주세요. 입학생이 아닌 재학생이라면 담임선생님과 의논하면 됩니다.

두근두근 입학식

코로나 이전에는 입학식이 동네잔치 분위기였습니다. 부모님을 비롯하여 할머니, 할아버지까지 오셔서 일생에 단 한 번뿐인 초등 입학을 함께 축하하기도 했지요. 교실 뒤편에 빼곡하게 서 계신 부모님들의 시선은 오직 우리 아이에게 가 있었습니다. 손동작 하나, 눈빛 하나까지 놓칠세라 지켜보고 계시죠. 코로나 상황이 나빠져서 부모님 참석이 어려웠던 지난 몇 해 동안은 교문 앞에서 아이와 생이별을 하듯 학교로 보냈습니다. 엄마 손을 놓고 학교로 들어가는 아이의 뒷모습을 보며 '잘할 수 있을까?'라는 걱정이 절로 들었을 테지요. 그만큼 설레기도 하지만 긴장되기도 한 날이 입학식이 아닐까 싶습니다.

요즘은 예전처럼 부모님과 함께 입학식 행사를 합니다. 입학식은 1학기가 시작되는 첫날인 3월 2일(2025년은 3월 4일)에 합니다. 시간은 학교마다 다르지만 대체로 10시 전후로 정해집니다. 1시간 내외로 진행되는 입학식 이후에는 담임선생님과 함께 교실로 이동합니다. 교실로 들어서면 선생님이 정해주는 자리에 앉고 자기 이름이 불리면 또렷한 목소리로 대답합니다. 입학식 날은 담임선생님의 간단한 안내를 듣고 평소의 일과보다 조금 일찍 하교하게 됩니다. (일부 학교는 각 교실에서 입학식을 진행하기도 해요.) 입학식날 급식 운영은 학교마다 다르므로 사전에 확인해주세요. 구체적인 입학식 안내는 예비소집일이나 2월 말쯤 학교 홈페이지를 통해 안내됩니다.

입학식 날 꼭 챙겨야 할 것

◇실내화

입학식에는 미리 야심 차게 준비해둔 입학 준비물을 챙겨가지 않습니다. 단, 실내화는 미리 챙겨주세요. 학교마다 약간의 차이는 있지만, 입학식 날부터 실내화를 신어야 하는 학교가 많습니다.

◇L자 파일

입학식 날에는 담임선생님이 여러 장의 가정통신문을 배부합니다. 아이가 잘 챙겨올 수 있도록 책가방에 L자 파일도 미리 넣어가면 좋습니다. (담임선생님이 미리 준비해주기도 하지만요.) 입학식 날 엄청나게 많은 양의 가정통신문을 받게 되거든요. 초등 6년 중 가장 많은 양의 가정통신문이 나가는 날이지요. 학생 기초조사서, 급식 안내문, 방과후학교 안내서, 정보 동의서 등 종류도 많습니다. 꼼꼼히 살펴서 다음 날 다시 회신해야 하는 통신문은 아이 편에 제출하도록 합니다.

◇복장

복장은 입학식이라고 특별히 신경 써야 하는 부분은 없습니다. 단정하고 깨끗하게 입고 오면 됩니다. 단, 3월 2일은 아직은 꽤 쌀쌀할 수 있으니 따뜻하게 입혀주세요.

입학 준비물 똑똑하게 챙기기

첫째 딸이 갓 입학했을 때 일입니다. 초등학교 입학을 축하한다며 삼촌이 36색 고급 색연필을 선물해주었어요. 깎아서 쓰는 전문가용, 어떤 제품인지 대충 짐작되시죠? 저는 입학 준비물로 흔한 12색 돌려쓰는 색연필을 가져가야 한다고 했지만 아이는 삼촌이 선물한 고급스러운 색연필을 가져가고 싶어 했습니다. 아이의 고집을 꺾지 못해서 결국 아이는 36색 고급 색연필을 입학 준비물로 가져갔어요. 어떻게 되었을까요? 입학한 지 며칠이 지나지 않아 그 색연필은 집으로 돌아왔습니다. 담임선생님은 제 아이에게 다른 아이들과 비슷한 종류로 다시 준비해오라고 하셨어요.

비싼 돈을 들여 신중하게 고른 입학 준비물이 막상 학교에서 아이가 사용하는 데 불편하거나 급기야 필요하지 않은 경우도 있습니다. 돈도 돈이지만 신중하게 골랐던 정성이 떠올라 아쉬운 마음은 배가 됩니다. 입학 준비물 리스트는 신입생 예비소집일이나 입학식 날 학교에서 꽤 자세히 안내합니다. 그래서 입학 전에 미리 준비해도 무방한 준비물과 입학 후에 학교의 안내문에 제시된 대로 준비해야 하는 준비물을 구분해서 설명해드릴게요.

입학 전에 준비할 것들

◇책가방

입학 준비물을 살 때 가장 신중하고 진지하게 고르게 되는 게 책가방이 아닐까 합니다. 예쁘고 세련된 가방을 메고 교문을 들어서는 아이를 상상하면 괜스레 어깨가 으쓱하기도 합니다. 일부 브랜드는 아이들 책가방치고 지나치게 비싸기도 합니다. 고학년으로 진급하면서 책가방을 새로 사는 경우라면 그동안 몇 차례의 시행착오를 거치면서 실용적인 책가방을 선택할 수 있지만, 입학 준비로 구매한 책가방은 실패와 후회로 몇 달을 보내다가 결국은 얼마 지나지 않아 교체하는 경우가 생기기도 합니다.

책가방은 고가에다가 한 번 구매하면 장기간 사용하게 됩니다. 따라서 책가방을 고를 때는 조금 더 신중하게 살펴볼 필요가 있습니다. 실패와 후회 없는 책가방을 구매하려면 다음 5가지 조건을 만족해야 합니다.

① 무조건 가벼워야 해요

아이들의 책가방은 디자인만큼이나 무게도 천차만별입니다. 물론 튼튼한 가방이 좋지만 그 어떤 외부 자극에도 거뜬히 버텨낼 듯한 가죽 가방은 직접 들어보고 판단할 필요가 있습니다. 가방 자체가 무겁더라도 빈 가방으로 잠시 메어보는 것은 크게 문제가 되지 않습니다. 하지만 그 가방에 교과서 한두 권과 필통에 물통까지 넣게 되면 어린아이가 감당하기 힘든 무게가 됩니다. 게다가 가죽과 같이 단단한 재질의 가방은 형태가 고정되어 있어 다양한 크기의 물건을 넣고 빼기가 힘들 수 있습니다. 가방이 튼튼한 건 좋지만, 그로 인해 무거움을 감수해야 한다면 가볍지만 튼튼한 다른 가방을 선택지에 두는 것이 훨씬 합리적입니다. 직접 매장에 가서 들어본다면 가장 좋겠지만 온라인으로 구매해야 할 때는 제품 상세 정보에서 중량을 꼭 확인해보세요.

② 가방의 윗부분을 열 수 있어야 해요

학교에서는 가방을 책상 옆 가방걸이나 자신의 의자 뒤에 걸어두고 사용합니다. 아이들이 사용하는 모습을 상상해보세요. 가방 전면에 가방 고정 단추가 있다면 아이가 물건을 꺼낼 때 가방을 열기 위해서 몸을 아래로 깊게 숙이거나 급기야 가방 앞으로 이동해서 여닫아야 합니다. 가방 위쪽 부분을 여닫을 수 있다면 이런 불편함 없이 책가방을 사용할 수 있어요.

최근에는 많은 학교에서 가방 안전 덮개를 사용합니다. 교통사고를 예방하기 위해 입학생들에게 가방 안전 덮개를 나눠주고 적극적으로 사용하기를 권장하지요. 안타깝게도 안전 덮개는 가방의 예쁜 디자인을 덮어버립니다. 그뿐만 아니라 가방 전면에 지퍼나 버클이 있는 경우는 힘들게 씌워둔 안전 덮개를 벗겨야만 가방을 여닫을 수 있습니다. 저학년 아이들은 가방 안전 덮개를 자신의 힘으로 가방에 씌우기 힘들어합니다. 가방 덮개가 전면까지 내려오는 디자인은 가방 안전 덮개와 함께 사용하는 것이 거의 불가능해요. 가방의 윗부분을 여닫을 수 있는 디자인이 아이들 입장에서 사용하기 편리합니다.

③ 가슴 고정 버클이 있어야 해요

요즘 나오는 책가방은 대부분 가슴 고정 버클이 있습니다. 간혹 가슴 고정 버클이 없는 책가방을 사용하는 아이들에게는 크고 작은 곤란함이 학급 내에서 발생하기도 한답니다.

교실은 공간상의 제약으로 최대한 간격을 넓힌다고 해도 손을 뻗으면 옆 친구와 닿을 만큼 거리가 가까울 수밖에 없습니다. 책상 옆의 책가방 걸이에 책가방을 걸면 아이들의 이동에 걸림돌이 되어 안전상의 문제가 발생할 수 있어요. 그래서 책가방을 자신의 의자 뒤에 걸고 생활해야 하는 학급이 많습니다. 이때 가슴 고정 버클이 유용하게 사용됩니다. 요즘 의자는 라운드형이 대부분이기 때문에 책가방을 의자에 건 뒤 가슴 고정 버클을 채워야 흘러내리지 않기 때문입니다.

그뿐만 아니라 아이들이 가방을 메고 다닐 때도 가슴 고정 버클을 채우게 되면 어깨끈이 흘러내리지 않아 안정적으로 가방을 메고 다닐 수 있습니다. 가슴 고정 버클이 있는 가방을 선택할 때 아이가 스스로 풀고 채우기 편한 제품인지 확인해보아야 합니다. (자석으로 된 형태가 편리하더라고요.) 실제로 많은 아이들이 버클을 채울 수는 있으나 스스로 푸는 것은 힘들어하는 경우가 허다하거든요.

④ 보조 주머니는 여러 개가 있어야 해요

아이가 가방을 실용적으로 사용하기 위해서는 용도에 맞는 보조 주머니가 여러 개 있으면 편리합니다. 가방의 양옆에 입구가 고무 밴딩으로 처리된 개방형 주머니가 있으면 물병을 넣고 빼기가 좋습니다. 아이들은 학교에서 수시로 개인 물을 마시는데 그때마다 가방을 여닫기 번거로울 수 있기 때문이지요. 물병을 가방 옆 주머니에 넣어두면 손쉽게 물을 마실 수 있답니다. 핸드폰이나 마스크와 같은 개인 물품은 가방을 열지 않아도 쉽게 넣고 뺄 수 있도록 가방 전면에 작은 주머니가 있으면 편리해요. 가방 내부도 주머니 모양으로 구역이 나뉘어져 있으면 물건의 종류에 맞게 정리할 수 있습니다.

⑤ 아이가 선택한 가방이어야 해요

책가방의 주인은 부모님이 아니라 아이입니다. 매일 애정 어린 손길로 책가방을 사용할 주인은 우리 아이라는 것이죠. 아이가 사용할 책가방이기 때문에 책가방 선택 또한 아이에게 주도권을 넘겨주세요. 단 좋은 가방을 평화롭게 구매하기 위해서는 아이에게 무작정 선택 주도권을 넘기면 곤란합니다.

"아무거나 마음껏 고르렴" vs "이 중에서 마음껏 고르렴"

아이에게 선택 주도권을 주기 전에 꼭 해야 할 일이 있습니다. 전자의 경우와 같이 허용 한계선이 없는 경우에는 아이가 앞서 설명한 책가방의 4가지 조건에 맞지 않는 제품을 고를 가능성이 있습니다. 부모가 갈등 상황을 자초한 경우지요. 후자와 같이 앞에서 설명한 4가지의 조건을 만족하는 가방으로 선택지를 만들어 아이에게 제시해야 합니다. 몇 개의 가방 후보를 정해둔 뒤 아이가 이 선택지 중 고를 수 있도록 하는 것이죠.

가벼우면서, 가방의 윗부분을 열 수 있는 디자인이며, 가슴 고정 버클과 보조 주머니가 있는 가방이라면 우리 아이가 어떤 색깔을 선택하든, 어떤 브랜드를 선택하든 허용해주는 것이 좋습니다. 학교생활에서는 디자인이나 브랜드보다는 실용성이 우선이라는 것을 꼭 기억해주세요.

◇실내화

실내화는 아이가 학교에서 하루 종일 신을 신발입니다. 그러니 실내화는 세탁하기 편하고 발에 꼭 맞는 것으로 준비해주세요. 너무 큰 실내화를 신게 되면 아이가 넘어지기 쉽고, 너무 꼭 끼는 실내화는 구겨 신기 좋습니다. 실내화를 구매할 때는 양말을 착용한 상태에서 꼭 맞는 것으로 구입하세요. 실내화는 대체로 비슷한 형태이기 때문에 뒤꿈치 부분에 두 짝 모두에 이름을 꼭 써주세요. 간혹 장식이 달린 실내화를 신고 오는 아이가 있습니다. 그런데 그 장식이 잘 떨어진다는 게 문제예요. 없어진 장식 때문에 울거나 찾아달라고 떼를 쓰는 아이도 있습니다. 가장 무난한 실내화가 가장 좋은 실내화입니다.

실내화를 수시로 가정으로 보내는 선생님도 있지만 부모님이 주기적으로 실내화를 가지고 오도록 아이에게 알려주세요. 실내화는 아이들이 하루 종일 신고 다니다 보니 쉽게 더러워집니다. 적어도 2주일에 한 번 정도는 세탁할 수 있도록 해주세요.

◇물통

아이들이 종종 물통 뚜껑을 열어달라고 부탁하는 경우가 있습니다. 어른인 제가 열기에도 힘든 물통이 있습니다. 또는 뚜껑이 삐뚤게 닫혀 교과서를 비롯한 물건들이 물 테러를 당하는 경우도 있습니다. 물통은 아이가 쉽게 여닫을 수 있고 안전장치가 달린 형태로 준비하도록 합니다.

◇필통
손장난을 부르는 필통이 있습니다. 자세히 설명하지 않아도 떠오르시죠? 게임이 달린 필통은 아이에게 눈앞에 마시멜로를 두고 참으라고 하는 것과 같습니다. 수업 시간에 필요한 필기구만 꺼내놓고 서랍 안에 필통을 넣어두게 하지만 수시로 필통을 만질 수밖에 없습니다. 또 원통 모양으로 세우는 필통도 아슬아슬합니다. 딱딱한 재질의 필통보다 천 재질로 된 필통이 좋습니다. 하지만 천 재질 중에서도 너무 부드러운 천 필통은 떨어트리거나 가방 안에서 물건에 눌리게 되면 필통 안의 연필이 부러지기 쉬우니 두께감이 적절한 필통으로 선택하세요. 필통에는 잘 깎은 연필 3~4자루, 지우개, 자, 네임펜, 빨간 색연필 정도 넣고 다니면 됩니다.

저는 제 아이들에게 보조 필통을 2개 더 준비해줍니다. 하나는 풀, 가위, 셀로판테이프를 넣어둔 필통, 다른 하나는 색연필과 사인펜을 넣어둔 필통입니다. 수업 중 만들기나 그리기를 할 때 필요한 준비물을 분류해서 각각 다른 필통에 넣어두는 거예요. 필요할 때 사물함에서 이것저것 꺼내서 챙기기보다 필요한 필통만 챙길 수 있도록 말이에요.

◇연필

연필은 부드럽고 진하게 써지는 2B연필이 적당합니다. 연필 사용이 서툴다면 점보연필이나 삼각 연필, 4B연필도 괜찮고요. 샤프는 사용하지 않는 것이 좋습니다. 연필이 부러지는 게 염려된다면 연필 뚜껑을 사용하는 것도 도움이 됩니다.

◇지우개

예쁘고 귀여운 지우개는 손장난하기 딱 좋습니다. 지우개로 수업 시간에 인형 놀이하는 아이들이 있습니다. 게다가 그런 지우개는 딱딱해서 잘 지워지지 않기도 합니다. 학용품은 제구실하는 걸로 준비해주세요.

◇딱풀

딱풀은 생각보다 빨리 닳습니다. 너무 작은 것보다 넉넉한 크기로 준비해주세요. 뚜껑을 잃어버리는 아이들이 많으므로 뚜껑에도 이름을 붙여주세요. 잘 굴러다니는 단점을 보완한 각진 형태의 딱풀도 좋습니다. 딱풀과 같은 소모품은 주기적으로 교체할 수 있도록 부모님의 세심한 관심이 필요합니다.

◇가위

아이의 손 크기에 맞고 잘 잘리는 것으로 준비합니다. 유아용 안전 가위는 가위질을 처음 연습하는 입학 전에 충분히 사용하고, 입학 준비물로는 일반 가위를 준비해주세요.

◇우산

똑딱이 형태의 버클보다 벨크로 형태의 버클이 달린 우산이 정리하기에 편합니다. 우산꽂이를 사용하는 학교가 대부분이기 때문에 2단, 3단 우산은 우산꽂이에 넣고 빼기가 어렵습니다. 어린이용 장우산을 사용할 수 있도록 해주세요.

학교에서 분실물 순위를 매겨본다면 우산이 단연 일등입니다. 등굣길에 비가 와서 우산을 챙겨왔다가 하굣길에 날이 개면 그대로 우산꽂이에 둔 채 몸만 가는 아이들이니까요. 우산에도 이름을 꼭 써주세요.

◇네임 스티커

물건에 네임펜으로 이름을 적어도 되지만 생각보다 적어야 하는 물건의 수가 많기도 하고, 직접 적기 곤란한 물건도 있습니다. 입학 이후에 갑자기 준비하게 되는 학용품도 있을 수 있고요. 그래서 필통에 네임 스티커를 넣어 다니면 편리합니다. 미처 이름을 적지 못한 물건이 있더라도 네임 스티커가 준비되어 있으면 바로 붙이면 되니까요.

준비물마다, 심지어 뚜껑에도 이름을 적어주세요. 아이들이 학교에서 사용하는 책상은 생각보다 좁습니다. 펼쳐진 교과서에 필통 하나만 올려도 꽉 차지요. 그리기 활동을 할 때면 8절 도화지를 올려두고 책상 모서리 어딘가에 색연필이나 크레파스를 아슬아슬하게 올려둬야 합니다. 그러다가 우르르 쏟기 일쑤지요. 쏟아진 학용품들 사이에서 자신의 물건을 찾고 정리하려면 이름이 적혀 있어야 합니다.

입학 준비물을 엄마가 주도적으로 준비하지 마세요. 이 모든 준비물의 주인은 우리 아이입니다. 아이와 직접 고민하며 고른 뒤에 함께 정성 들여 이름을 적거나 붙이도록 합니다. 물건 하나하나에 대한 소중한 마음과 입학에 대한 기대감을 갖는 과정입니다.

입학 후에 준비할 것들

◇보조 가방(신발주머니)

책가방과 함께 세트로 보조 가방을 구매하기도 합니다. 하지만 신발주머니나 보조 가방이 무조건 필요한 것은 아닙니다. 가급적이면 책가방과 세트로 구매하지 말고 입학 후 필요할 때 따로 구매해도 늦지 않습니다. 입구를 지퍼로 잠그거나 복잡한 부속품이 달린 보조 가방은 거추장스럽습니다. 보조 가방도 책가방과 마찬가지로 가볍고 편한 게 최고입니다.

아이들이 보조 가방을 사용할 일은 실내화나 학습 준비물을 챙겨갈 때입니다. 상상해보세요. 실내화나 준비물은 그날 가져갔다가 당일에 도로 가져오는 경우는 잘 없습니다. 빈 보조 가방을 다시 손에 쥐고 돌아가야 합니다. 그래서 저는 비싼 보조 가방보다 에코백을 추천합니다. 빈 에코백은 둘둘 말아 책가방에 넣어올 수 있지만 비싼 보조 가방은 형태가 단단하여 책가방에 넣어올 수 없습니다. 안전상의 이유로 손에 보조 가방을 비롯하여 이것저것을 들고 다니지 않는 것이 좋거든요.

◇공책류

공책류는 세트로 묶인 것은 구입하지 않는 게 좋습니다. 사용하지 못하는 공책이 많이 포함되어 있을 수 있기 때문입니다. 담임선생님에 따라 무제 공책, 8칸 공책, 10칸 공책, 일기장, 종합장 등 공책의 종류와 권수를 지정해줍니다. 그래서 입학 후에 담임선생님의 안내에 따라 구입하는 것이 좋습니다.

◇색연필, 사인펜, 크레파스

너무 많은 색 수의 색연필, 사인펜, 크레파스는 학교에서 사용하기에 불편합니다. 대체로 학교에서 색 수를 안내해줍니다. 색연필과 사인펜 12색, 크레파스 24색 이내 정도가 무난합니다. 색연필은 돌려서 사용하는 형태가 편리합니다. 칼이나 연필깎이로 수시로 깎아야 하는 고가의 색연필은 학교에서 사용하기에는 불편합니다. 제 첫째 아이처럼 다시 가정으로 들고 올 수 있어요.

◇자

저학년 때는 대체로 필요하지 않지만, 혹시 준비물 목록에 있다면 필통 안에 들어가는 크기의 투명 플라스틱 자로 준비하면 됩니다.

◇셀로판테이프

학급 공용으로 사용하는 테이프가 있지만, 담임선생님이 개인 용품을 사용하도록 안내할 수도 있습니다. 그러면 테이프가 잘 잘리는 단순한 디자인으로 준비합니다. 사용이 서툴면 쉽게 다칠 수 있으니 가정에서 충분히 연습하도록 합니다.

◇색종이

색종이는 학교에서 학습 준비물로 제공하나 따로 준비해두면 여유롭게 사용하기 좋습니다. 색종이는 색깔별로 구분하여 책처럼 묶인 대용량을 구입해두면 편리합니다.

◇A4 클리어 파일

개인의 활동 결과물을 포트폴리오로 모아두는 용도입니다. 만약 학교에서 준비하라고 하면 링이 플라스틱으로 된 것보다 쇠 링으로 된 것으로 준비합니다. 플라스틱으로 된 클리어 파일은 학습 결과물의 양이 많으면 터지는 경우가 많거든요. 지정한 매수로 준비하되, 이왕이면 40매 이상의 넉넉한 양이 좋습니다.

◇L자 파일

학교에서 나눠주는 가정통신문을 넣어 다니는 용도입니다. 학교에서 주기도 하지만 개인이 준비해야 하는 경우에는 여러 개를 사두면 편합니다.

◇바구니

개인 사물함을 정리하기 위해 작은 바구니를 준비해야 할 수도 있습니다. 바구니를 준비해야 한다면 사물함 크기를 고려해야 하므로 담임선생님이 지정해주는 크기로 준비하도록 합니다.

◇책꽂이

책꽂이도 바구니와 같이 사물함을 정리하거나 뒤쪽 게시판 위에 올려두고 사용하는 학급이 있습니다. 보통 일반 문구점에 구비되어 있는 플라스틱 책꽂이를 준비하면 됩니다.

◇물티슈

물티슈는 자기 자리 주변을 청소하거나 개인적으로 필요할 때 수시로 사용하는 용도입니다. 따라서 고가의 유기농 물티슈는 아니어도 괜찮습니다. 단, 물티슈가 너무 얇지 않고, 스티커보다는 뚜껑이 달린 형태가 사용하기 편리합니다.

◇학교 체육복

입학 후에 학교 체육복을 구매하게 됩니다. 1학년에게 체육복 구입비를 지원하는 지역도 있으므로 미리 구입하지 말고 담임선생님의 안내에 따라 천천히 구입해도 됩니다.

학교 체육복은 단체 커플 복이지요. 다시 말해 학교에서 분실하게 되면 사이즈만 다를 뿐 다 똑같이 생겼기 때문에 자기 체육복을 찾기 어렵습니다. 하의는 분실할 일이 거의 없어서 생략하더라도 상의에는 안쪽에 이름을 꼭 적도록 합니다.

2장

1학년 학교생활 꼼꼼히 살펴보기

교실 풍경 엿보기

"선생님, 언제 쉬는 시간이에요?"

"선생님, 언제 마쳐요?"

갓 입학한 아이들에게 굉장히 많이 듣는 질문입니다. 정해진 자리에 오랜 시간 앉아 있어야 하는 게 여간 힘든 게 아니겠지요. 제 아이도 처음 초등학교에 적응하는 과정에서 가장 어렵고 힘들어했던 부분이 정해진 일과에 따라 움직여야 하는 것이었습니다. 학교와 비교해 조금 더 자유롭게 시간 운용을 할 수 있는 유치원 생활과 몸으로 느껴지는 다른 부분이니까요.

아이가 짜인 학교 일과에 적응하기 힘들어하면 어떡하냐고요? 괜찮습니다. 다 적응하니까요.

등교 시간

지역과 학교마다 약간의 차이는 있지만 대체로 8시 40분 전후로 등교합니다. 등교는 너무 이르게도, 그렇다고 너무 늦게 해서도 곤란합니다. 등교하기 너무 이른 시각은 담임선생님이 출근도 하기 전인 시각입니다. 학생의 안전 문제 때문이에요. 반대로 등교하기 너무 늦은 시각은 1교시 수업 준비는 물론이고, 아침 활동을 할 시간이 부족할 만큼 늦은 시각입니다.

예를 들어 적어도 수업 시작 15분에서 20분 전에는 교실에 도착하는 것이 좋습니다. 수업 시간이 다 되어 헐레벌떡 교실에 들어오면 숨은 가쁘고 마음은 조급해집니다. 늦은 시각에 교실 문을 열고 들어오면 차분하게 아침 활동을 하던 반 친구들이 일제히 주목하게 됩니다. 지각의 이미지로 친구들의 주목을 받는다는 건 아침부터 아이를 주눅 들게 할 수 있습니다.

아침 활동

아침 활동 시간에는 그날 배울 교과서를 정리한 뒤 학급에서 약속한 자습 활동을 합니다. 많은 선생님이 주로 이 시간을 아침 독서 시간으로 활용합니다. 그 외에 창의력 문제 풀기, 세 줄 글쓰기, 감사일기 쓰기, 아침 운동 등 반 특색 활동을 하기도 합니다. 회신용 가정통신문이나 숙제도 이 시간에 제출합니다. 너무 늦게 등교를 하게 되면 아침 활동을 여유롭게 하기 어려우니 약간의 여유를 두고 등교하는 것이 좋겠지요?

수업 시간

학교의 일과는 1학년부터 6학년까지 같은 시간으로 움직이게 되어 있습니다. 일과 운영 중 수업 시간은 40분, 쉬는 시간은 10분입니다. 물론 코로나와 같은 위기 상황의 경우에는 수업 시간 및 쉬는 시간의 시량이 조절되기도 합니다.

저학년 수업은 대체로 일주일에 3번은 4교시, 2번은 5교시로 진행됩니다. 그래서 4교시 수업이 든 날은 오후 1시 전후에, 5교시 수업이 든 날은 오후 2시가 되기 전에 하교합니다. 학교에 따라 수업 시간과 쉬는 시간 운영을 유연하게 하는 학교도 있습니다. 1, 2교시를 블록 타임으로 묶어 수업을 진행하며 일과 운영을 단축하기도 하고요. 놀이 시간 확보를 위해 20~30분의 중간 놀이 시간을 갖는 학교도 있습니다.

쉬는 시간

쉬는 시간 10분은 바깥 놀이를 하기에는 시간이 짧습니다. 주로 화장실에 다녀오거나 교실과 .복도에 삼삼오오 친구들과 모여 놀며 시간을 보냅니다. 수업 시간 중에 끝내지 못한 활동이 있으면 쉬는 시간에 이어서 하기도 합니다. 또 도서관을 다녀오기도 하지요. 우유 급식을 하는 학교는 쉬는 시간에 우유를 마십니다.

초등 1학년 학교 일과 운영의 예

	월	화	수	목	금
1교시 (9:00~09:40)	국어	국어	국어	국어	수학
쉬는 시간(10분)					
2교시 (9:50~10:30)	국어	수학	수학	국어	수학
중간 놀이 시간(20분)					
3교시 (10:50~11:30)	통합교과	통합교과	수학	통합교과	통합교과
쉬는 시간(10분)					
4교시 (11:40~12:20)	통합교과	통합교과	통합교과	통합교과	통합교과
점심 시간(50분)					
5교시 (13:10~13:50)	청의적 체험활동 (자율·자치 활동)		통합교과		청의적 체험활동 (동아리 활동)
늘봄학교 운영 시간(방과후~)					

※학교별로 일과 운영 시간이 다르므로 소속 학교의 일과 운영 시간을 꼭 확인합니다.

급식 시간

대부분의 학교는 보통 9시에 수업을 시작해 3교시나 4교시를 한 뒤 점심시간을 가집니다. 학교 규모가 크면 급식소를 이용할 수 있는 인원이 제한되어 있어서 3교시 후, 그렇지 않으면 4교시 후 점심을 먹습니다. 물론 급식소가 없어 교실 배식을 하는 학교는 4교시 후 점심을 먹는 것으로 전 학년 같습니다.

초등 1학년의 급식 시간은 대혼란 그 자체입니다. 제가 근무하는 학교는 우리나라에 몇 없는 초중 통합학교입니다. 한 건물에 초등학교와 중학교가 함께 있는 특별한 학교지요. 신도시 내의 과밀 학급을 해소하기 위해 설립된 학교예요. 그래서 아이들이 급식을 늦게 먹는 날이면 중학교 선생님들을 급식실에서 종종 마주하게 됩니다. 밥 먹는 아이들을 챙기느라 제 입에 밥 한 숟갈을 쑤셔 넣은 채 마스크를 다시 쓰고 국물을 옷에 쏟아 우는 아이를 닦아주고, 못 먹겠다고 먼 산만 보고 있는 아이에게 한 숟갈만 더 먹어보자고 권하며, 빡빡한 주스 뚜껑을 열어줍니다. 그 모습을 본 중등 선생님들은 "아이고, 초등 쌤들은 밥이 입으로 들어가는지, 코로 들어가는지도 모르겠네요"라고 말하며 지나가십니다. 눈으로, 입으로 음식을 음미하며 여유로운 식사를 할 수 있는 중등 선생님들이 부럽기도 합니다. 그렇습니다. 엉덩이 붙이고 제대로 밥 한 숟갈 뜨기 어려운 게 1학년 담임선생님입니다.

급식 후 점심시간

급식 후 점심시간은 가장 긴 놀이 시간이기 때문에 아이들은 바깥놀이나 실내놀이를 즐깁니다. 이 시간에 친구들과 놀이를 하기 위해 장난감과 같은 놀잇감을 가지고 오는 아이들이 종종 있습니다. 아이의 마음은 충분히 이해하지만 친구와 함께 놀기 위해 가지고 온 물건은 주로 나쁜 결과를 가져옵니다.

서로 만지고 장난을 치다가 분실하거나 파손되면 다툼으로 이어지기도 합니다. 수업 중에도 자꾸 꺼내 보고 싶은 게 아이 마음이니 선생님께 지적을 받기도 합니다. 소중한 물건이 훼손되거나 분실되기라도 하면 그날의 기분도 보장할 수 없습니다. 사전에 선생님의 허락을 받은 후 가지고 오거나 특별한 이유가 아니라면 교과 학습과 관련 없는 물건은 학교에 가져오지 않도록 합니다.

하교 시간

간혹 옆 반보다 빨리 마치거나 늦게 마친다고 학교에 민원이 들어오기도 합니다. 하지만 하교 시간은 학급마다 10분 내외로 시간 차이가 있을 수 있습니다. 청소, 과제 검사, 알림장 쓰기 등의 활동이 천천히 마무리되면 그만큼 하교가 늦어질 수도 있고, 반대로 아이들의 속도에 따라 일과가 빨리 마무리될 수도 있거든요. 따라서 하교 후의 일정을 잡을 때는 안내된 시간보다 10분 정도의 여유를 두는 것이 안전합니다.

수업 중 과제와 숙제 해결하기

수업 시간 중 과제를 할 때 주어진 시간보다 훨씬 빠르게 과제를 제출하는 아이도 있지만, 시간이 훨씬 지나고도 다 하지 못해 쩔쩔매는 아이도 있습니다. 가정에서 자율적으로 과제를 수행하는 거라면 문제가 되지 않지만, 학교생활 중에는 약간의 문제가 될 수 있습니다. 해당 교과 수업 시간이 끝나 친구들은 모두 다음 시간 교과서를 펼치고 수업 준비를 하는데 혼자 앞 수업 시간의 활동을 끝내지 못해 끙끙댄다면 학교 적응도 힘들겠지요.

교실의 아이들을 가만히 살펴보니 주어진 시간 안에 과제를 해결하지 못하는 아이의 유형이 대체로 3가지로 나뉘었습니다. 지나치게 꼼꼼한 편이거나, 산만해서 집중하지 못하거나, 시작하는 데까지 시간이 오래 걸리는 경우입니다. 만약 아이가 이런 성향이라면 다음의 지도법을 참고해볼 수 있습니다.

◇ 지나치게 꼼꼼한 편이다

충분히 시간을 주세요. 괜찮습니다. 다그칠 필요 없습니다. 아이에게는 조금 더 여유로운 활동 시간이 필요할 뿐입니다. 대신 완성은 해야 한다고 알려주세요. 만약 학교에서 활동 과제를 제시간에 완성하지 못했다면 선생님께 말씀드리고 쉬는 시간과 점심시간 중에도 할 수 있도록 지도해주세요. 그래도 시간이 모자란다면 집에서 완성해와도 될지 허락을 구하라고 하세요. 하지만 학습 결과물이 수행평가에 들어가는 영역이라면 곤란할 수 있습니다. 그렇지 않은 과제라면 아이가 충분한 여유를 갖고 완성할 수 있어야 합니다.

◇ 산만해서 집중하지 못한다

다른 관심사가 주변에 있는 건 아닌지 살펴봐야 합니다. 과제와 관련된 것만 남기고 몰두할 수 있도록 도와야 합니다. 지금 시기의 아이들은 시공간 감각이 발달하지 않아서 얼마만큼의 시간이 흐르고 있는지 체감하지 못합니다. 타이머나 음악을 활용하여 '이만큼의 시간이 흐르면' 하고 미리 알려주거나 남은 시간을 가시적으로 보여주는 것도 하나의 방법입니다.

◇ 시작하는 데까지 오랜 시간이 걸린다

시작도 못하고 오랜 시간 가만히 앉아 있는 아이들이 있습니다. 시작하는 데 오랜 시간이 걸리는 아이들이죠. 무엇을 적어야 할지, 무엇을 그려야 할지 망설이며 시간을 보냅니다. 물론 망칠까 봐 걱정을 키우기도 하고요. 이런 아이에게는 시작할 기회, 망칠 기회를 허용해주세요. 비슷한 경험을 충분히 갖도록 도움을 줘야 합니다. 무엇이든 멋진 작품이 된다고, 망쳤다고 판단되면 다시 하면 된다고 허용적인 환경을 마련해주세요. 완벽한 작품보다 완성한 작품이 더 훌륭하다고 말해주세요.

스스로 숙제하기

초등학교 저학년의 경우에는 숙제가 많지 않을뿐더러 가끔 나가는 숙제는 1시간 이내로 해낼 만한 양입니다. 한글 복습 정도의 과제, 2학기의 받아쓰기 공부, 《수학 익힘》 풀이 정도입니다. 그 외에 숙제의 종류와 양은 담임선생님의 재량에 따라 다릅니다.

숙제 검사는 전체 학생이 일괄적으로 받습니다. 그런데 혼자 검사를 받지 못하거나 지적을 받게 되는 아이는 주눅이 들 수밖에 없습니다. 그러니 숙제는 가급적이면 잘 챙겨야겠지요?

숙제를 스스로 할 수 있을 때까지 약간의 도움은 필요하나 부족한 부분이 보인다고 해서 숙제를 대신해주는 것은 곤란합니다. 학교에서는 멋지고 깔끔하게 숙제해오기를 바라기보다 부족하더라도 스스로 해결하기를 원합니다. 엄마가 더 잘해서 보내고 싶은 욕심은 버려도 괜찮습니다. 부족해도 스스로 해결하는 행동을 마음껏 칭찬해주세요.

저는 스스로 할 수 있는 작은 과제를 자주 냅니다. 자신이 할 일에 책임감을 가지도록 말이죠. 그리고 잘하든 못하든 스스로 숙제를 챙겨서 한 행동에 아낌없는 칭찬을 합니다. 그거면 충분하니까요. 지금 더 중요한 것은 학습의 결과물보다 책임감을 길러주는 것이기 때문이에요.

과제의 양이 많아서 아이가 스스로 할 시간이 충분하지 않다면 아이의 스케줄을 살펴보세요. 학원 수업과 학원 과제에 너무 많은 시간을 쓰고 있지는 않나요? 방과 후의 일정이 너무 무리하게 많은 건 아닌지 수시로 살펴보세요.

학교 숙제에 있어 부모님의 도움이 필요한 때는 아이가 도움을 요청할 때입니다. 하지만 전부를 도와서는 곤란합니다. 자료를 찾는 데 도움이 필요하거나, 프린트를 해야 하는 등 아이가 혼자 해결하기 힘든 부분은 도와줘도 무방합니다. 아마도 그런 숙제는 드물겠지만요. 잘 몰라서 못 하겠다는 숙제는 스스로 할 수 있도록 방법을 알려주세요.

안전한 자립 준비하기

개학한 지 얼마 지나지 않은 3월 아침, 전화 한 통이 걸려왔습니다.

"선생님, 연수가 저랑 떨어지지 않겠다고 대성통곡 중이에요."

교문 앞으로 나가보니 울고 있는 건 연수만이 아니었습니다. 연수 엄마의 눈시울도 붉게 물들어 있었죠. 연수는 잡고 있던 엄마 손을 놓고 제 손을 꼭 잡고 교실로 향했습니다. 연수 엄마는 걱정과 불안을 무겁게 지고 한참을 그 자리에서 떠나지 못했습니다. 연수의 등교 전쟁은 그렇게 한 달 가까이 지속되었어요.

학교 일과가 시작되면 엄마와 떨어지지 않겠다고 울며 떼쓰던 연수는 없었습니다. 친구들과 웃고 떠들며 여느 아이들과 다름없이 지냈습니다. 마치 '지킬 앤드 하이드'처럼 가정과 학교에서의 모습이 이토록 다를 수 있을까요? 연수 엄마는 학교에서 울고 있을지 모르는 아이 걱정에 일이 손에 잡히지 않았을 거예요. 해맑게 웃으며 공부하는 연수는 상상도 못 한 채 말이죠.

대부분의 아이는 학교와 같이 부모와 함께하지 않는 공간에서 금방 적응합니다. 우리 어른이 예상하는 것보다 빨리 말이죠. 단, 아이가 자립의 첫 단추를 잘 끼우기 위해서는 부모의 울타리를 단번에 걷어버리기보다는 아이의 기질과 상황에 따라 천천히 넓혀줄 필요가 있습니다. 학교를 안전하게 오가는 방법부터 씩씩하게 등교하는 방법을 알려주며 아이의 자립을 도와주세요.

안전하게 등하교 연습하기

입학 초에는 부모님과 함께 등하교하는 아이들이 다수 있습니다. 시기의 차이는 있겠지만 결국은 아이 혼자 등하굣길을 다녀야 합니다. 따라서 거리를 조금씩 늘려가며 혼자 다녀보는 연습이 필요합니다. 부모님이 지켜보는 가운데 건널목을 건너는 연습도 하면서 말이죠.

초등 저학년은 아직 시야가 좁고 주의력이 부족하여 가까이 다가오는 차량이나 위험물을 인지하지 못하는 경우가 종종 있습니다. 시력과 청력이 아직 다 발달한 것이 아니기 때문에 주위의 신호나 경고를 빨리 알아채기도 어려울 수 있고요. 대응 능력이 부족하니 자전거와 같은 바퀴 달린 탈것을 이용해 등교하지 않도록 해주세요. 가능하다면 횡단보도는 덜 건너도록 동선을 짜면 좋습니다. 등하굣길은 사람이 많이 다니고 차량 통행이 비교적 적은 길을 선택하도록 합니다.

또 위험한 상황에 처했을 때 주변 어른에게 도움을 청하는 법을 알려주고 연습시켜주세요. 집과 학교 주변에 '아동 안심 지킴이 집'이 있다면 그곳을 미리 알려주고 도움이 필요할 때 그곳으로 가서 어른의 도움을 받을 수 있도록 합니다. 부모님께 급히 연락해야 할 경우도 있으니 아이가 부모님의 전화번호를 기억하고 있어야겠지요. 또 낯선 사람이 다가와 끌고 가려고 하면 "도와주세요"라고 크게 외칠 수 있도록 미리 연습해보는 것도 좋습니다. 안타깝게도 잊을 만하면 유괴 사건을 접하니 말이에요.

◇ 등하굣길은 관찰의 장이다

안전하게 다니는 연습이 충분히 되었다면 날마다 달라지는 계절의 변화도 느껴보도록 하세요. 어른들에게는 평범하고 일상적인 풍경도 아이들의 시선에는 매일매일 새롭습니다.

"어제보다 오늘 잎이 더 푸르러진 것 같아."

새로운 시선으로 주변을 탐색해볼 수 있도록 엄마부터 관심을 가져보세요.

언제까지 등하교를 도와야 할까?

아이의 등하교를 언제까지 도와줘야 하냐고 묻는 부모님이 있습니다. 등하교를 도와줘야 하는 시기는 따로 정하기 어렵습니다. 통학 거리와 위험 요소, 아이의 학교 적응 정도에 따라 다르겠지요.

앞에서 소개한 연수의 사례처럼 등교 거부를 하는 경우라면 다른 아이에 비해 조금 더 시간을 두고 등하교를 도와야겠지요. 저는 연수가 분리불안에서 서서히 벗어나도록 헤어지는 장소를 교실 입구, 교문 앞, 학교 앞 건널목, 아파트 입구로 거리를 늘려가도록 했습니다. 연수의 마음이 단단해질수록, 아니 엄마의 마음이 단단해질수록 헤어짐의 거리도 길어졌어요.

낯선 환경이나 교우 관계, 어려워진 학습 내용은 학기 초 증후군의 원인이 됩니다. 저학년의 경우에는 연수처럼 분리불안이나 배변 문제로 인해 등교 거부의 모습을 보이기도 하고요. 의사의 도움이 필요한 정도가 아니라면 대부분의 등교 거부 문제는 담임선생님과의 상담과 지원을 통해 충분히 해결됩니다.

"오늘 어떤 활동이 가장 재미있었나요?"

저는 아이들이 하교하기 전 그날의 활동을 되새기는 질문을 합니다. 특히 연수와 같이 학기 초 부적응을 겪는 아이들은 개별적으로 그날의 감정을 나눈 뒤 하교하도록 합니다. 학교에 대한 좋은 기억과 감정으로 교문 밖을 나섰으면 하는 마음에서지요.

"역시 우리 딸, 잘할 줄 알았어."

"역시 우리 아들, 내일도 잘할 거야. 화이팅!"

'역시'라는 부사에 강세를 찍고 아이를 칭찬해주세요. 믿고 응원하는 만큼 아이는 성장합니다. 힘들게 등교 전쟁을 벌이며 학교 보냈던 우리 아이, 교문 밖을 나올 때 표정은 사뭇 다를 거예요. 막상 학교 오면 잘 지내는 게 아이들입니다. 어제까지 유치원생이었던 아이에게 자립심을 키우겠다고 "오늘부터 초등학생이니 이제 혼자 다녀야 해"라고 강요하는 것은 곤란합니다. 자립심도 안정감 속에서 키워집니다. 조금만 시간이 지나면 "엄마가 데려다줄게"라며 친절을 베풀더라도 아이가 거절할 거예요. 그때까지 안전하게 등하교를 할 수 있도록 도와주면 됩니다.

"엄마, 내일 학교 가기 싫어."

"엄마가 네 마음에 용기를 넣어줄게. 이리 와."

또다시 밤이 되면 학교 걱정에 울먹이더라도 아이의 마음이 안정될 때까지 엄마 품을 나눠줘야 합니다. 그렇게 그렇게 천천히 기다려주세요. 불안한 아이에게 필요한 건 함께 불안해하는 엄마가 아닌 믿어주는 엄마입니다.

교실까지 데려다줘도 될까?

학교는 아이들의 안전을 위해서 외부인 출입을 제한하고 있습니다. 일부 학교에서는 입학한 첫 주 정도는 제한을 한시적으로 풀기도 하지만 대체로 많은 학교에서 학부모 출입을 제한하고 있습니다. 보호자를 비롯한 학교 방문객은 보안관실(지킴이실)에서 출입 허가증을 받아야 합니다.

이 시기에 아이의 학교 부적응 문제나 준비물을 대신 들어주기 위해 교실까지 데려다주는 부모님이 있습니다. 큰 문제가 되는 것은 아닙니다. 분리불안을 겪고 있거나 부적응 문제로 어쩔 수 없는 경우라면 담임선생님과 상의하여 교실에서 학교 건물 입구, 교문 앞, 이렇게 서서히 거리를 늘려가며 연습할 수 있도록 합니다.

준비물을 대신 들어줘야 하는 경우는 극히 드뭅니다. 대부분의 선생님이 무리한 준비물을 한꺼번에 들고 오도록 하지는 않습니다. 준비물 가짓수와 양이 많으면 여러 날에 걸쳐 나누어 가지고 오게 합니다. 그 외 교실에 출입해야 하는 특별한 경우에는 출입 허가증을 받고 들어가면 됩니다.

용돈 관리 습관 기르기

꽤 큰돈을 가지고 다니는 아이들이 종종 있습니다. 준비물은 학교에서 대부분 충족되기 때문에 초등학생이 큰돈을 쓸 일이 거의 없어요. 괜히 용돈을 가지고 다니면 길거리 음식이나 게임기, 문구점에 시선을 빼앗기기 쉽습니다. 어려서부터 바른 경제 관념을 심어주려면 넉넉한 용돈보다 적당한 결핍을 주는 것이 좋습니다. 구매 욕구가 생길 때마다 살 수 있는 경제적 여건이 마련되어 있으면 어려서부터 바른 경제 관념이 생기기 어렵습니다. 무엇이든 다 해주고 싶은 게 부모 마음이지만 적절한 선을 지켜서 용돈을 관리하는 습관을 길러주세요.

큰돈을 들고 다니면 불미스러운 사건에 휘말리기도 쉽습니다. '범죄에 휘말리는 건가?'라는 상상의 나래가 펼쳐지는 것 말고도 학급 내에서도 복잡한 금전 관계가 생길 수 있습니다. 저학년의 경우에는 단순한 호기심이나 약간의 물욕 때문에 큰돈을 가지고 있는 친구에게 "나 하나만"의 느낌으로 "나 천 원만"을 요구하기도 합니다. 또 문방구나 마트에서 물건을 사달라고 요구하는 경우도 종종 있고요. 저학년은 경제 개념이 부족하기도 하고, 교우 관계를 맺는 방법이 서툴기 때문에 물질적인 것들, 장난감, 문구류, 급기야 돈까지 친구에게 주면서 친구의 환심을 얻으려고도 합니다.

남의 장난감이나 돈을 받은 아이들은 죄책감을 느낄까요? 저학년 아이들은 크게 죄책감을 느끼지 않습니다. "재가 줬는데요?"라며 돌려줘야 한다는 사실도 인정하기 어렵습니다. 이때는 준 아이, 받은 아이 모두 지도가 필요합니다. 친구가 달라고 했든, 자기가 주고 싶어서 줬든, 빈번하게 무언가를 주고받는 건 바람직하지 않다고 알려줘야 합니다. 이렇게 말해주세요.

"친구는 물건이나 돈으로 사귀거나 가질 수 있는 게 아니야. 친구 사이는 장난감이나 돈처럼 눈에 보이고 만져지는 것을 나누는 게 아니라 눈에 보이지 않는 마음을 나누는 거야. 친절한 말, 배려하는 행동, 예쁜 미소를 주고받으면 놀 때도 함께하고 싶고, 같이 이야기도 나누고 싶고, 학교 마치고도 같이 놀고 싶은 거야."

우리 아이 건강 살피기

입학하고 한 달 정도가 지나면 아픈 아이들이 갑자기 늘어납니다. 아마도 새로운 환경에 적응하느라 긴장이 지속되어 면역력이 떨어지는 시기가 온 것이겠지요. 따라서 평소에 아이의 건강 관리에 각별히 신경 써주세요. 주중에 쌓인 피로를 풀 수 있도록 주말에는 충분한 휴식 시간을 주세요. 평일 내내 학교와 학원을 오가며 긴장했던 아이들이 주말 동안 쉬지 못하면 금방 몸살 나기 쉽거든요. 충분히 학교생활에 적응한 뒤에 주말 나들이와 캠핑을 즐기세요.

◇ 아이가 아파서 감기약을 챙겨 보냈다면

애는커녕 결혼도 하지 않았던 초임 시절에 1학년 담임을 맡았던 적이 있습니다. 아이들이 학교에 온 지 얼마 되지 않아 한 아이가 제 교탁 위에 작은 물약 병 하나를 당당하게 놓고 가는 거예요. "이게 뭐야?"라고 물었더니 "제 감기약인데요?"라고 대답하고 들어가는 아이를 보며 당황한 기색을 숨길 수가 없었습니다. 물약으로 된 감기약을 본 것도 처음이었고, 아이에게 감기약을 먹여본 경험도 없었기 때문입니다. 물론 어색하고 당황스러웠지만, 점심시간에 아이에게 감기약을 먹였어요.

이후에 제 아이를 키우면서 유치원을 보냈을 때 '투약 의뢰서'

라는 생소한 문서를 받고 깨닫게 되었습니다. 아이들은 이토록 친절하게도 약을 먹여줄 테니 투약 시간, 용량, 보관 장소까지 알려달라고 하는 유치원 생활을 해왔던 것이었어요. 제 아이를 키우면서부터는 교탁 위의 물약 병에 당황하지 않습니다. 교실에는 냉장고가 없음에도 불구하고 냉장 보관이라고 적힌 항생제 물약에도 당황하지 않습니다. 냉장고가 있는 가장 가까운 교실에 보관했다가 정성껏 가루약을 타서 아이에게 약을 먹인 적도 있거든요.

사실 학교는 유치원과는 다릅니다. 학교에서 약을 먹어야 하는 상황이라면 담임선생님께 양해는 꼭 구해주세요. 1학년 담임선생님들이 가장 당황스러운 상황 중 하나가 아무 말 없이 감기약을 받아야 하는 상황입니다. 물론 '약 하나 챙겨주는 게 뭐가 어려울까?'라는 생각이 들 수도 있지만, 학교 상황은 안타깝게도 보육까지 책임지기에는 그리 여유롭지 못합니다. 잠시도 눈을 뗄 수 없는 상황의 연속 중에 교과 수업도 진행해야 합니다. 의도치 않게 시간 맞춰 약 먹여야 한다는 사실을 순식간에 잊어버리기 십상인 곳이지요.

가장 좋은 방법은 아이가 스스로 할 수 있게 연습하는 것입니다. 알림장에 '점심 먹고 나면 약 먹기'라고 적어주고 작은 물약 병에 가루약을 탄 뒤 스스로 흔들어 먹어보는 연습을 시켜보세요. 제 경험상 1학년 아이들, 스스로 잘합니다. 아니면 아침, 저녁 두 번만 복용해도 되는 약으로 처방받는 것도 방법입니다. 제가 다니는 병원은 사정을 말씀드리니 그렇게 약을 처방해주시더라고요.

퇴사를 고민하는 워킹맘에게

초등학교 입학을 앞두고 휴직을 고민하는 엄마들이 참 많습니다. 아마도 아이가 새로운 환경에 적응하는 데 엄마의 손길이 많이 필요하지는 않을까 하는 염려와 이른 하교 후 보육 문제 때문일 거예요. 그동안 유치원 정규 수업 이후에, 유치원의 방과후수업까지 하던 아이라면 초등학교의 하교 시간은 생각보다 이를 거예요.

하교 이후에 돌봄이 필요하거나 새로운 학원에 등록한다면 아이가 적응할 때까지 어른의 도움이 필요하기도 합니다. 저도 일과 휴직 사이에서 똑같은 고민을 했습니다. 하지만 두 아이 모두 초등 입학을 이유로 휴직하지는 않았습니다. 사실 예전에 비해서 준비물을 챙겨줘야 한다든지, 숙제를 살펴봐줘야 하는 손길은 생각보다 그리 많지 않기 때문이에요. 물론 이른 하교 시간 때문에 조부모님의 도움을 받아야 하기는 했고요.

워킹맘이라 정보에 어둡다

초등 1학년은 아이들만 사회생활을 시작하는 게 아닙니다. 부모님들도 낯설고 어색한 학부모 사회생활을 시작합니다. 입학식이나 학부모 총회 등에서 만나 연락처를 주고받으며 단체 카톡방에 초대받기도 하거든요. 단체 카톡방이나 엄마들의 반 모임에 참여하는 것은 여러 정보에서 뒤처지는 것은 아닐까 조바심이 나기 때문이죠.

단톡방을 통한 랜선 모임이나 대면하는 반 모임에 참여하게 되면 반 아이들과 학교에 대한 여러 정보를 얻기도 합니다. 최근 반에서 무슨 일이 생겼는지, 담임선생님은 어떤 타입인지, 옆 반은 어떤 방식으로 학급이 운영되는지 등 사소한 이야기들이 함께 공유됩니다. 신나게 듣고 떠들다가 집으로 돌아와서 이 사소한 정보들이 내 아이에게 어떤 도움을 줄지 곰곰이 곱씹어봅니다. 결론은 가벼운 남 이야기가 대부분이지 내 아이의 학교생활에 도움이 될 만한 정보는 미미합니다. 기껏해야 요즘 동네에서 핫하다는 학원 정보 정도나 도움이 될까요.

워킹맘이라 정보력에 뒤처질 수도 있습니다. 하지만 중요한 것은 정보력이 뒤처진다고 아이도 뒤처지는 것은 아니라는 것이죠.

어쩌면 모르는 게 속 편한 정보도 많습니다. 그러니 엄마가 일하느라 정보에 늦다고 죄책감 가질 필요는 없습니다. 진짜 중요한 정보는 그 모임에서 서로 공유하지 않습니다. 진짜 도움 되는 양질의 정보는 '카더라 통신'이 아닌 교육 전문가가 전하는 정보 속에 있습니다.

엄마들 모임에 나가야 할까?

저학년은 고학년에 비해 부모의 모임에 의해 친구 관계가 형성되기도 합니다. 엄마들이 친해서 아이도 친구로 지내는 경우지요. 하지만 엄마끼리 친하다고 아이끼리도 무조건 친해지는 것은 아닙니다. 아이들은 서로 맞는 친구, 그렇지 않은 친구를 본능처럼 알아봅니다. 이 경우에는 억지로 친해지기를 강요하면 곤란합니다. 또 1학년 때 친한 관계가 초등 6년 내내 지속되는 것도 아닙니다. 그러니 아이 친구 만들어주려고 억지로 모임에 참석하지 않아도 괜찮습니다.

하지만 학교 이외의 장소에서 친구들끼리 논 경험은 좋은 교우관계를 유지하는 데 도움이 됩니다. 그렇다면 하교 후에 친구들과 놀 기회를 만들어주기 위해 엄마 모임을 만들어야 할까요? 꼭 그럴 필요까지는 없습니다. 대신 이렇게 지도해보세요. 아이가 직접 방과 후에 함께 놀고 싶은 친구들과 약속을 잡도록 합니다. 각자 부모님의 허락을 받고 가까운 놀이터에서 조금 놀다가 헤어지거나 우리 집이나 친구 집에서 잠시 노는 것도 괜찮다고 알려줍니다.

하지만 초등 1학년은 아직 아이들끼리 약속을 정하고 서로의 집을 왕래하기 어려울 수 있습니다. 이때는 부모님이 적극적으로 도와주어도 좋습니다. 아이에게 친하게 지내고 싶은 친구 부모님의 연락처를 알아 오라고 하세요. 친구 부모님께 직접 초대 의사를 말씀드리고 약속을 잡아보세요. 많은 사람이 한꺼번에 모이는 반 모임보다 아이와 잘 맞는 한두 명만 교류해도 충분할 수 있습니다. 오히려 너무 많은 모임 속에서 노는 것이 아이의 교우 관계를 흐지부지 만들 수 있으니까요.

기본적으로 아이의 친구 관계는 아이의 몫이라고 여기는 마음이 필요합니다. 엄마가 단톡방에서 분위기를 이끌고 모임에도 충실히 나가는데도 불구하고 아이가 학교에 잘 적응하지 못한다면 그건 누구 탓일까요? 엄마 모임은 엄마 모임일 뿐입니다. 부모는 약간의 도움을 줄 뿐입니다. 이 친구, 저 친구 사귀도록 구색 좋은 판을 아이 앞에 만들어주는 것은 아이의 건강한 사회성 발달에 도움이 되지 않는다는 사실을 잊어서는 안 됩니다.

워킹맘이라는 죄책감 털어내기

워킹맘은 가사나 육아에 관한 죄책감을 가지고 있습니다. 하지만 당당해지세요. 사랑은 아이와 함께하는 시간의 양보다 질이 중요합니다. 짧은 시간이라도 짙은 사랑만 전달되면 됩니다. 사실 학교에서 아이들을 지켜보면 엄마가 전업주부인지, 워킹맘인지 그리 티가 나지 않습니다. 엄마가 챙겨주는 부분이 조금 부족하면 그만큼 아이 스스로 야무지게 챙기려고 노력합니다. 지금은 아직 어리다 보니 혼자서 챙기는 아이에게 괜히 미안한 마음이 들겠지만 그만큼 아이는 자립할 수 있습니다.

제가 아무리 죄책감을 털어내라고 말하더라도 부모가 참석해야 하는 몇 가지 학교 행사를 앞두고 있으면 마음이 무거워집니다. 공개 수업, 학부모 총회, 운동회, 학예회와 같은 행사에서 말이죠. 학교의 공식적인 행사는 일정이 일찍 공지되므로 미리 업무 일정을 조정하면 어떨까요? 물론 부모님이 학교 행사에 못 온다고 해서 문제가 생기는 일은 전혀 없습니다.

단, 공개 수업에는 되도록 가족 중 한 분은 참석하기를 권합니다. 저학년이라서 이런 부탁을 드리는 거예요. 공개 수업에 참관 중인 엄마 아빠들 사이에서 자기 엄마 아빠를 애타게 찾는 아이의 슬픈 눈빛을 종종 볼 때면 괜히 가슴 아프기도 하거든요. 만약 참석이 어렵다면 사전에 아이에게 충분히 설명해주고 미리 많이 안아주세요.

2022 개정 교육과정 살펴보기

사회 안팎으로 변화의 바람이 불면서 교육계에도 급변하고 있습니다. 변화의 속도는 더 빨라질 거라고 하니, 이제 갓 초등에 입학하는 아이를 키우는 부모로서, 무엇을 어떻게 준비해야 할지 막막하지요? 어렵진 않습니다. 7년 만에 개정된 교육과정이 추구하는 본질을 파악하신다면 내 아이 교육에 나아갈 방향이 눈에 보이실 거예요.

서로 협력하는 소통 역량이 더욱 중요해져요

2015 개정 교육과정과 큰 틀은 같지만, '의사소통 역량'이 '협력적 소통 역량'으로 개선되었습니다. 복잡화, 다양화되는 사회를 살아

가기 위해서는 상호 협력성과 공동체성이 필수적이라는 많은 전문가들의 의견을 반영한 것이죠. 단순히 생각과 감정을 주고받는 의사소통 기능에 그치지 않고 관계의 바탕이 되는 소통, 배려, 협력의 요소를 강조하고 있습니다. 자신의 의사를 전달하고, 타인의 이야기를 듣는 것만이 능사는 아니니까요.

2015 개정		2022 개정
자기관리 역량		자기관리 역량
창의적 사고 역량		창의적 사고 역량
의사소통 역량	➡	**협력적 소통 역량**
지식정보처리 역량		지식정보처리 역량
심미적 감성 역량		심미적 감성 역량
공동체 역량		공동체 역량

정보 및 디지털 교육이 강화돼요

개정된 교육과정에서는 정보 및 디지털 교육을 비중 있게 다루고 있습니다. 모든 교과에서 디지털 매체를 활용한 교육과정이 편성되었거든요. 균형 있는 디지털 기초 소양을 함양할 수 있도록 꽤 많은 시수를 할애하고도 있고요. 하지만 인공지능, 빅데이터와 같은 혁신 기술은 저학년에게 다소 어려울 수 있습니다. 그렇다고 디지털 교육을 전혀 접하지 않는 건 아니에요. 1~2학년은 《국어》를 비롯한 전 교과에 정보 및 디지털 교육이 자연스럽게 포함되어 공부하게 됩니다. 특히 《국어》 교과는 〈듣기 · 말하기〉 〈읽기〉 〈쓰기〉 〈문법〉 〈문학〉의 기존 영역에 〈매체〉 영역이 신설되었습니다. 영상 자료, 카드뉴스, 광고, SNS, 메시지 등 일상에서 자주 접하는 다양한 매체가 읽기 자료로 활용되지요.

디지털 소양은 비단 《국어》에 국한되어 있지 않습니다. 《수학》 교과에도 디지털 소양 함양이 필수적인 학습 요소로 포함되어 있거든요. 《수학》 내용 특성에 맞는 교구나 공학 도구를 활용하는 수업이 많아질 예정입니다. 저학년은 수학 공부를 할 때 구체물을 활용하는 것이 매우 중요합니다. 직접 눈으로 보고 만지며 다양하게 조작해보는 과정이 필수인 시기거든요. 하지만 학교 여건상 모든 학생에게 동일한 구체물을 제공하지 못할 때도 참 많았습니다. 디지털 수학 교구와 공학 도구는 모든 학생에게 제공되어 각자 자신의 속도와 요구에 맞게 활용되는 거죠. 가정에서 자유롭게 구체물을 이리저리 만지는 교구 활동과 비교하면 아쉬움은 있지만 충분히 의미 있는 조작 활동의 경험을 제공받을 수 있을 거예요.

입학 초기 적응 활동을 해요

초등학교에 갓 입학한 아이들은 그야말로 '어리둥절'합니다. 어떤 아이는 학교의 모든 것이 신기하다며 흥분하고, 또 어떤 아이는 유치원과 너무 다른 학교생활에 울상을 짓기도 하지요. 적응의 속도가 각기 다르다 보니 학교생활에 잘 적응할 수 있도록 '입학 초기

적응 활동'을 합니다. 3월 첫 주부터 국어, 통합교과, 창의적 체험 활동 시간을 활용해서 2~4주가량 운영되고요. 이 시간에는 학교 생활 적응에 관한 공부, 학습 습관 형성, 심리 정서 안정, 또래 관계 형성 활동 등을 하게 됩니다. 학교에 대한 긍정적인 감정과 친구와의 좋은 관계가 학교 적응에 큰 요인이니까요.

1~2학년 한글 책임 교육이 이루어져요

가장 큰 변화가 보이는 과목 중 하나, 바로 《국어》입니다. 1~2학년의 경우, 《국어》 수업이 448시간에서 482시간으로 34시간이나 대폭 늘어났거든요. 34시간이라는 시간이 얼마나 큰 시간인지 감이 오시나요? 《국어》 수업이 평균 주 1회 정도 늘어나는 거예요. 특히 한글 교육을 1학년 1학기에 집중시켜두었어요. 입학 초기부터 체계적으로 가르치는 이유는 기초 문해력과 한글 해득 때문입니다. 1학년은 연필 잡는 법부터 자음과 모음, 간단한 받침글자까지 체계적으로 학습하게 되고, 2학년은 어려운 겹받침까지 다루며 반복 학습하게 됩니다. 새 교육과정은 한글 공부에 더 많은 시간을 확보하였으니 배우는 아이 입장에서도, 가르치는 선생님 입장에서도 더 여유롭고 즐겁게 한글 공부를 할 수 있지 않을까 기대해봅니다.

신체 활동 시간이 64시간 더 늘어났어요

2022 개정 교육과정에서는 저학년의 신체 활동을 강조하고 있습

니다. 아이들의 발달 특성을 충분히 고려한 사항이죠. 신체 활동이 라고 하는 건 체육 교과를 떠올리면 됩니다. 중, 고학년처럼 영역별로 체계적인 체육 활동을 한다기보다는 놀이와 활동 위주의 수업이 진행됩니다. 신체 활동은 통합교과의 《즐거운 생활》에 배정되어 있습니다. 이전 교육과정에서는 1~2학년 신체 활동 시간이 80시간 배정되어 있었지만, 새 교육과정에서는 무려 144시간이나 확보되었답니다. 대폭 늘어난 수업 시수 덕분에 저학년 아이들은 실내·외 놀이 및 신체 활동의 기회를 충분히 제공받을 수 있을 거예요.

수업 태도나 협동력 등도 평가해요

초등학교를 비롯한 모든 학교급은 성취 기준에 근거한 평가 활동을 하고 있어요. 성취 기준은 학생이 해당 학년에서 배우는 내용 중 적어도 이것은 꼭 알고 있어야 한다고 정해둔 기준이지요. 학생의 성취도를 평가할 때 국가에서 정한 성취 기준에 잘 도달했는지를 보는 거예요.

학교에서 평가를 할 때는 교과 내용을 잘 알고 있는지에 해당하는 '지식'과 더불어 알고 있는 내용을 잘 수행하는지와 같은 '기능'도 평가해요. 평가에 있어서 중요한 한 가지가 더 있어요. 평가에 임하는 학생의 태도와 자세 같은 정의적 영역도 동시에 평가하게 되어 있다는 사실! '정의적'이라는 건 수업이나 활동에 임하는

'태도'를 말해요. 교과에 관한 흥미와 감정, 친구들과 함께 활동할 때 서로를 존중하고 협력하는 정도와 같은 심리, 정서적 측면이지요. 예를 들어 국어 시간에 '이야기 속 인물의 모습을 상상하여 문장으로 표현하기'라는 활동을 한 뒤에 수행평가를 한다면 다음과 같이 지식, 기능, 태도를 포함한 기준에 의해 평가를 하게 됩니다.

평가 기준

성취 기준 등교	평가 기준		
	상	중	하
쓰기에 흥미를 가지고 즐겨 쓰는 태도를 지닌다.	쓰기에 흥미를 가지고 일상생활에서 다양한 글을 즐겨 쓰는 태도를 지닌다.	쓰기에 흥미를 가지고 글을 즐겨 쓰는 태도를 지닌다.	쓰기에 흥미를 가진다.

내 아이가 공부를 잘함에도 불구하고 예상에 빗나가는 성적을 받게 된다면, 혹은 특정 과목을 좋아함에도 불구하고 평가 결과가 좋지 않다면 지식, 기능, 태도 면에서 부족한 건 없는지 살펴봐야 합니다. 평가 결과는 학교에서 정한 방식으로 학생과 부모님께 제공되고요. 평가 결과가 좋지 않다면 개별 지도를 통해 학생이 자신의 학습을 지속적으로 개선할 수 있도록 선생님께서 도움을 주실 거예요.

국정교과서와 검정교과서, 교과서 재활용

2022년부터 초등학교에서는 3, 4학년부터 순차적으로 《국어》를 제외하고 검정교과서를 채택해서 사용하고 있습니다. 다시 말해 학교마다 다른 교과서로 공부한다는 거지요. 국정교과서는 교과서의 질을 담보할 수 있다는 장점이 있는 반면 내용이 획일화되고 정권에 따라 변경될 수 있어 학생들에게 혼란을 야기할 수 있다는 단점도 있습니다.

국정교과서와 검정교과서의 차이점은 다음과 같습니다.

◇국정교과서

연구기관 또는 대학과 연계하여 국가가 직접 제작한 교과서입니다. 교육과학기술부 장관이 편찬하고 저작권을 가지고 있습니다.

◇검정교과서
교육부의 검정을 받은 교과용 도서로, 일반 출판사가 연구 개발한 도서 중 국가에서 교과서 적합성 여부를 심사해 합격한 책입니다.

검정교과서로 공부하는 것에 대해 우려하는 부모님들도 있습니다. 국정교과서에서 검정교과서로 변경되었다 하더라도 배우는 내용이 달라진 것은 아닙니다. 같은 국가 수준 교육 과정 안에서 교과서가 편찬되기 때문에 구성상, 예시상 약간의 차이가 있을 뿐입니다.

교과서 복습을 할 때 다른 출판사의 교과서로 복습하는 방법도 좋습니다. 문제집을 활용하는 것보다 학습 부담감은 적으면서 개념 학습을 복습하기에 유용하기 때문이지요.

교과서 재활용하기

학기가 끝나면 학교에서 교과서를 버리게 됩니다. 이때 교과서를 폐기하지 않고 가정으로 가져오라고 하세요. 쓰레기가 될 뻔한 교과서를 훌륭한 자료로 활용할 수 있습니다.

◇동화책으로 재탄생시키기

교과서 삽화에 나오는 인물 그림을 자세히 살펴보면 표정과 행동에 생동감이 있습니다. 이런 삽화와 그림을 예쁘게 오려 종이에 붙이고 어울리는 이야기를 만들어보세요. 인물 옆에 말풍선을 그리고 생각과 말을 적으면서 말이에요. 기발하고 재미있는 이야기가 만들어질 수 있습니다. 교과서 일부분을 보며 배운 내용을 떠올리고 새로운 이야기를 창작하는 과정이 바로 융합 STEAM 교육이 되는 거예요. 거창한 것만이 대단하고 좋은 공부는 아닙니다.

◇동식물 사전 만들기

통합 교과서에는 과학과 사회 분야의 사진 자료가 풍부합니다. 수업 시간 중에 충분히 학습했지만, 다시 한번 교과서를 들춰보며 나만의 동식물 사전을 만드는 과정 중에 사회과학적 지식을 넓혀갈 수 있습니다. 동식물 사진과 삽화를 오린 뒤, 여러 기준으로 분류해보기도 하고 관련 자료를 더 찾아볼 수도 있습니다. 공책이나 수첩에 붙여두어도 좋고 작은 종이봉투를 만들어 분류대로 모아두어도 좋습니다. 2학년 통합 교과도 비슷한 내용으로 교육 과정이 구성되어 있어 다음 학년도에 좋은 학습 자료로 활용할 수도 있답니다.

1학년 교과서 미리 보기

1학년 교과서를 보신 적 있나요? 과목명부터 구성까지 과거와는 많이 달라졌습니다. 특히 2024년부터 입학한 학생들은 7년 만에 바뀐 새 교육과정이 반영된 새 교과서로 공부하게 되었거든요.

1학년 교과는 크게 국어, 수학, 통합교과 이렇게 3가지 종류입니다. 달랑 세 과목만 배우냐고요? 언뜻 보기에는 세 과목이지만 사실 이 속에 더 많은 교과가 포함되어 있답니다. 한 과목씩 자세히 알려드릴게요.

《국어》《국어활동》

1학년 때 배우는 과목 중 가장 많은 시간을 배우는 과목이 국어입니다. 원래도 수업 시간이 가장 많았지만, 교육과정이 바뀌면서 1~2학년 통틀어 34시간이나 대폭 늘었습니다. 기초 문해력과 한글 해득을 위해서지요. 국어는 모든 과목의 기초가 되는 과목입니다. 다른 교과의 내용을 잘 이해하기 위해서 국어가 도구적으로 활용된다는 의미에서 '도구 교과'라고도 해요. 한글을 읽고 쓰며, 이해할 수 있어야 다른 과목의 개념도 공부할 수 있으니까요. 그런 의미에서 모든 교과목 중에 가장 중요한 과목이라고 할 수 있어요.

1학년 국어 교과는 한 학기에 《국어(가)》《국어(나)》 2권, 《국어 활동》 1권 이렇게 총 3권을 배웁니다. 국어 교과서가 한 학기에 2권으로 분책 된 이유는 아이들의 편의를 위해서예요. 《국어활동》은 국어 교과서의 보조 교과서입니다. 국어 교과서로 학습한 내용을 자기 주도적으로 연습, 확인, 성찰하는 데 활용될 교과서지요. 수학에 비유하자면 《수학 익힘》 같은 느낌이에요. 말 그대로 부교재이기 때문에 수업 시간에 일부 활용할 수도 있고, 가정 학습에 활용할 수도 있습니다. 물론 선생님의 학습 지도 방식에 따라서는 필요한 부분만 학습하기도 합니다.

1학년 교육과정 진도표를 살펴보세요. 주로 한글을 읽고 쓰는 데 중점을 두고 자기 생각을 글로 표현하는 능력을 기르도록 구성되어 있습니다.

새 교육과정에서 눈에 띄는 활동, '한글 놀이'입니다. 한글 해득 교육을 강화하기 위해 놀이와 연계한 한글 익힘 시간이에요. 앞에

국어 교과서 내용 살펴보기

단원	배우는 내용
한글 놀이	• 여러 가지 선 긋기 • 모양이 같은 그림 찾기 • 글자 모양 찾기 • 소리마디 구분하기 • 말놀이하기 • 모음과 자음 배우기
1. 글자를 만들어요	• 글자의 짜임(자음+모음) 알기 • 받침이 없는 글자 읽고 쓰기 • 바른 자세로 글자 읽고 쓰기
2. 받침이 있는 글자를 읽어요	• 받침이 있는 글자 배우기 • 바른 자세로 발표하기 • 다른 사람의 말을 집중해 듣기
3. 낱말과 친해져요	• 받침이 있는 글자 쓰기 • 자신 있게 낱말 읽기
4. 여러 가지 낱말을 익혀요	• 나와 가족에 관련된 낱말 읽고 쓰기 • 학교와 이웃에 관련된 낱말 읽고 쓰기
5. 반갑게 인사해요	• 알맞은 인사말 알기 • 동시를 듣고 따라 읽기 • 낱말 바르게 읽기
6. 또박또박 읽어요	• 여러 가지 문장 읽기 • 문장의 뜻을 생각하며 읽기 • 문장 부호에 알맞게 띄어 읽기
7. 알맞은 낱말을 찾아요	• 여러 가지 받침이 있는 낱말 읽고 쓰기 • 그림을 보고 낱말 찾기 • 그림을 보고 문장으로 말하기 • 여러 가지 문장 완성하기

서 한글 교육 시간이 34시간 더 늘었다고 설명드렸죠? 이 시간 에 한글 놀이를 할 수 있어요. 새 교과서에 '한글 놀이마당'이라는 특화 단원을 넣어 놀이 중심의 한글을 경험할 수 있도록 구성해두었거든요. 이 단원은 글자 놀이, 음운 인식 등 한글 준비도와 모음자 놀이, 자음자 놀이로 구성되어 있어요.

기초 문해 강화를 위해 단원마다 '기초 다지기'를 마련해둔 것도 특징적입니다. 해당 단원에서 배운 낱말, 문장 쓰기를 강조해서 문장 학습 시간의 비중이 큰 편이고요. 문장 학습의 난이도도 조정되었는데 이전 교과서에는 '그림일기 쓰기' 단원이 1학기에 나왔다면 새 교과서에는 2학기에 제시되는 것이 하나의 예시예요.

1학년 국어 교과는 한 학기에 《국어(가)》 《국어(나)》 2권,
《국어활동》 1권 이렇게 총 3권을 배웁니다.

《수학》《수학 익힘》

1학년 수학은 한 학기에 《수학》 1권과 《수학 익힘》 1권을 배웁니다. 수업 진도는 《수학》을 기본으로 나가고, 《수학 익힘》은 《국어활동》처럼 담임선생님마다 활용하는 방법이 다를 수 있습니다. 가정에서 스스로 공부하고 오도록 과제로 내주시기도 하고, 수업 시간에 풀 수도 있어요.

수학은 국어 시간에 비해 상대적으로 비중이 적은 편입니다. 예를 들어 국어를 한 주에 6시간을 공부한다면 수학은 4시간 정도 공부한다고 보시면 됩니다. 물론 교육과정을 편성하는 방법에 따라 주마다 달라질 수 있으나 법으로 정해진 과목별 수업 시수가 있기 때문에 학교마다 총 수업 시수는 거의 비슷합니다.

초등 《수학》 교육과정은 수와 연산, 변화와 관계, 도형과 측정, 자료와 가능성, 이렇게 4개의 영역으로 나뉩니다. 이전 교육과정에는 도형과 측정이 각각 다른 영역으로 구분되어 있었지만, 새 교육과정에서는 통합되었어요. 규칙성 영역은 변화와 관계라는 영역으로 재개념화되었고요.

새 교육과정에서는 수학을 깊이 있게 학습하고 적용할 기회를 제공하기 위해 다양한 디지털 도구를 활용하는 방안도 제시하고 있습니다. AI 디지털 교과서에서 제공하는 디지털 수학 교구나 공학 도구의 활용도 많아졌고요. 학습 환경과 아이들의 요구, 수업 내용이나 방식에 따라 온라인 교수 · 학습을 운영하게끔 안내되어 있지만 저학년이 적극적으로 활용하기는 무리가 있을 거예요. 다만 아래와 같은 디지털 탐구학습 자료는 학교 현장에서 유용하게 활용하고 있습니다.

디지털 탐구학습 자료의 초기 화면

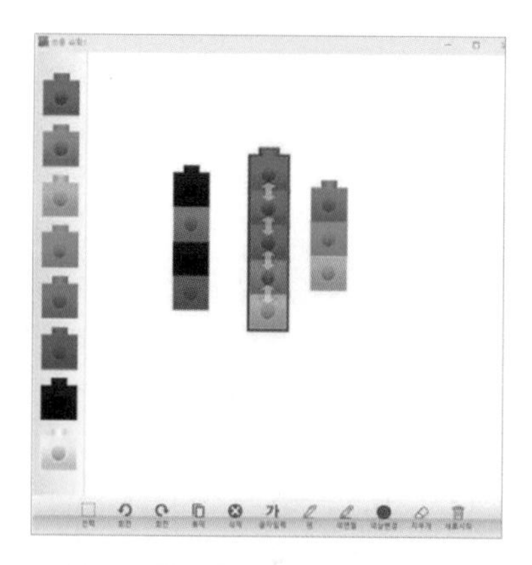

디지털 탐구학습 자료의 연결 모형 사용 예

수학 교과서 내용 살펴보기

단원명	배우는 내용
수학을 만나요	• 수학을 친근하게 여길 수 있는 놀이중심 활동하기
1. 9까지의 수	• 한 자리 수의 계열을 이해하고, 크기 비교하기
2. 여러 가지 모양	• 실생활에서 입체 도형을 찾고 여러 가지 모양 꾸미기
3. 덧셈과 뺄셈	• 가르기와 모으기를 통해 수 감각 익히기
4. 비교하기	• 구체물의 길이, 무게, 넓이, 들이를 비교하기
5. 50까지의 수	• 50까지의 수 개념을 이해하고 수를 세고 읽고 쓰기
수학이랑 함께해요	• 실생활에서 수학과 관련되는 현상 찾기

1학년 수학은 한 학기에 《수학》 1권과 《수학 익힘》 1권 이렇게 총 2권을 배웁니다.

1학년 수학은 '수 개념' 익히기에 집중해야 합니다. 연산 학습지 한 두장은 거뜬히 풀 수 있다고 해서 수 개념이 자리잡혔다고 장담하기는 어렵습니다. 제가 만난 학생들 중에는 연산 문제는 거뜬히 풀 수 있으나, 기본 개념인 가르기와 모으기는 할 줄 모르는 학생들도 꽤 있었으니까요. 저학년에게 문자나 숫자는 추상적 기호입니다. 1학년은 구체물로 개념을 익혀야 하는 시기입니다. 많은 양의 연산 문제를 푸는 것보다 수모형이나 바둑돌과 같은 구체물을 가르고 모으며 기초 연산의 기본기를 다져야 하는 거죠. 조금은 번거롭고 귀찮더라도 직접 보여주고, 만지게 하며 연산 공부를 하도록 도와주세요.

통합교과 《학교》《우리나라》《사람들》《탐험》

과거 《슬기로운 생활》《바른 생활》《즐거운 생활》을 한 권으로 모아놓은 통합교과서입니다. 이전 교육과정은 시간과 장소를 주제로 《봄》《여름》《가을》《겨울》 4권의 교과서 속에 다양한 활동을 통합했다면 이번 새 교육과정은 《학교》《우리나라》《사람들》《탐험》《하루》《약속》《상상》《이야기》 이렇게 총 8개의 단원으로 전면 개정되었습니다.

통합교과의 새 교육과정은 크게 4개의 영역으로 이루어져 있어요

① 우리는 누구로 살아갈까?

② 우리는 어디서 살아갈까?

③ 우리는 지금 어떻게 살아갈까?

④ 우리는 무엇을 하며 살아갈까?

어때요? 모호하고 추상적으로 다가오지 않나요? 어른이 되어도 누구로 살아갈지, 어떻게 살아갈지 막막할 때가 있으니 말이죠. 철학적인 영역 이름만으로는 1학년 아이들이 구체적으로 무엇을 배우게 될지 가늠하기 어렵습니다. 다음의 표를 살펴보세요. 통합 교육과정의 영역별 핵심 아이디어를 보면 통합 수업에서 어떤 내용을 배우게 될지 윤곽을 잡을 수 있을 거예요.

통합 교과서 내용 살펴보기

<table>
<tr><th></th><th>영역</th><th>핵심 아이디어</th><th>교과서 단원</th></tr>
<tr><td rowspan="5">1학기
4단원</td><td rowspan="3">1. 우리는
누구로
살아갈까?</td><td>1. 우리는 내가 누구인지 생각하며 생활한다.</td><td>학교 1-1</td></tr>
<tr><td rowspan="2">2. 우리는 서로 관계를 맺으며 생활한다.</td><td>사람들 1-1</td></tr>
<tr><td>탐험 1-1</td></tr>
<tr><td rowspan="2">2. 우리는
어디서
살아갈까?</td><td>3. 우리는 여러 공동체 속에서 생활한다.</td><td>우리나라 1-1</td></tr>
<tr><td>4. 우리는 삶의 공간을 넓히며 생활한다.</td><td>탐험 1-1</td></tr>
</table>

2학기 4단원	3. 우리는 지금 어떻게 살아갈까?	5. 우리는 여러 유형의 주기로 생활한다.	하루 1-2
		6. 우리는 과거, 현재, 미래를 생각하며 생활한다.	약속 1-2
	4. 우리는 무엇을 하며 살아갈까?	7. 우리는 경험하고 상상하고 만들며 생활한다.	상상 1-2
		8. 우리는 느끼고 생각하고 표현하며 생활한다.	이야기 1-2

1학년 1학기《학교》《우리나라》《사람들》《탐험》

1학년 2학기《하루》《약속》《상상》《이야기》

이렇게 8개의 주제를 대략 한 달에 하나씩 배우게 됩니다. 통합교과《학교》는 1학년 1학기 3월에 고정하여 운영해야 하고요. 나머지 주제 단원은 교사가 자율적으로 운영할 수 있습니다.

통합 수업은 아이들이 세상을 알아가는 시간입니다. 주제의 대부분이 실생활과 밀접하게 관련되어 있거든요. 아이들의 첫 학교생활에 관한 학습부터 타인과의 관계, 자기 주도적 습관, 자연과 환경 등을 주제로《슬기로운 생활》《바른 생활》《즐거운 생활》을 통합해서 배우게 되지요. 학교에서 무엇을 배우고 어떤 활동을 했는지 관심을 보여주세요. 수업만으로 세상을 탐색하는 데는 한계가 있거든요. 계절의 변화, 나를 둘러싼 환경, 주변 사람들과의 관계는

통합 교과서 월별 수업 내용 살펴보기

월	교과서명	수업 내용
3	학교	–학교 안팎과 실내 규칙 알아보기 –정리정돈 습관 익히기 –색칠, 오리고 붙이며 소근육 기르기 –화장실, 급식소, 도서관 이용법 익히기 –발표 연습하기 –여러 가지 신체놀이 즐기기 –경청 기술 익히기
4	사람들	–가족과 이웃을 소개하기 –고민을 나누고 도움을 주는 행동 익히기 –고마움을 다양한 방법으로 표현하기 –여러 가지 신체놀이 즐기기 –기침 예절 익히기 –화재 발생 시 대피 방법 익히기
5	우리나라	–우리나라와 관련된 내용 배우기 (태극기, 무궁화, 한복, 한글, 화폐, 문양, 음식, 놀이, 명절, 민요, 탈춤, 부채, 한옥, 통일 등) –우리나라 민속놀이 즐기기 (씨름, 비사치기, 딱지치기, 수건돌리기, 꼬리따기 등) –교통수단을 이용할 때의 안전 수칙 익히기 –물놀이나 체험학습에서의 안전 수칙 익히기
6	탐험	–우주와 달 탐험 상상하기 –다양한 탐험가 탐색하기 –탐험 도구를 상상하여 만들기 –탐험 초대장과 전시회 준비하기 –여러 가지 신체 놀이 즐기기 –약물사용 안전 수칙 익히기 –위급 상황에서의 안전 수칙 익히기

1학년 1학기 통합교과서 《학교》 《우리나라》 《사람들》 《탐험》

교실에 앉아서 공부하기에는 아쉽습니다. 아이에게 세상을 탐색할 기회를 주세요. 햇빛과 바람만 쐬어도 한 뼘 자라는 게 아이들입니다. 아이와 함께 손잡고 걸으며 하찮아 보이는 풍경에도 관심을 가져주세요. 아이들이 배움을 일상에 적용시킬 수 있느냐는 부모님의 관심과 질문에서 시작되니까요.

◇ 시간표에 '창체'라고 적힌 과목은 무엇인가요?

창체는 '창의적 체험 활동'의 줄임말로 교과 수업 이외의 다양한 체험 활동을 뜻합니다. 자율 · 자치 활동, 동아리 활동, 진로 활동 3개 영역으로 나뉘어 있고요. 학교 여건과 특색교육을 고려하여 학교가 자율적으로 운영할 수 있습니다. 과거 1~2학년에 편성되어 있던《안전한 생활》교과서는 2024년부터 없어졌습니다.《안전한 생활》34시간은 국어 수업과 통합교과의 신체 활동 수업 등, 다른

창의적 체험 활동 내용 알아보기

영역	교과서 단원
자율 · 자치 활동	• 입학 초 적응 활동, 자치 활동, 자율 활동 등 학급별 창의 주제 활동 시간이 많은 비중을 차지함
동아리 활동	• 학술 · 문화 및 여가 활동, 봉사 활동 등이 포함되며 동아리 주간을 정해서 활동하는 학교도 많음
진로 활동	• 진로 탐색 활동, 진로 설계 및 실천 활동 등을 함

교과의 시수로 포함되었고요. 교과서가 없어졌다고 해서 안전 교육도 없어진 건 아닙니다. 최근 불미스러운 사건을 계기로 다중 밀집 환경에서의 안전 수칙 및 위기 상황 대처에 관한 내용도 관련 교과에 포함되어 배우게 됩니다.

여분의 교과서가 필요하다면?

요즘에는 교과서를 학교에 두고 다니기 때문에 가정에서 교과서를 들춰보기란 쉽지 않습니다. 초등 1학년의 학습 내용은 가정에서 다시 한번 복습해야 할 만큼 어려운 내용이 있는 건 아니지만 혹시라도 아이가 어려워하는 과목이나 학습 내용이 있다면 가정에서 교과서로 복습해보면 도움이 됩니다. 하지만 "집에서 한 번 더 살펴보도록 교과서 챙겨 와"라고 아이에게 당부해도 하굣길에 교과서를 챙겨오는 아이는 드물 거예요. 교과서는 1인 1책을 원칙으로 배부하므로 만약 여분의 교과서가 필요하다면 인터넷에서 구매하면 됩니다.

초등 국정교과서 구매처

학년	과목	판매처	
초등 1~2학년	수학, 수학익힘	(주)천재교과서	mall.chunjaetext.co.kr
초등 1~2학년	학교, 사람들, 우리나라, 탐험, 나, 자연, 마을, 세계	(주)지학사	www.jihak.co.kr
초등 1~6학년	국어, 국어활동	(주)미래엔	mall.mirae-n.com
	도덕	(주)비상교육	bookstore.visang.com

3장

작은 것부터 스스로 해내는 생활 습관 만들기

자기주도학습의 첫걸음, 자율성 기르기

"선생님, 도와주세요."

"선생님, 어떻게 하는지 모르겠어요."

"선생님, 교과서 어디 펴야 하는지 못 찾겠어요."

"선생님, 쏟았어요."

"선생님, 제가 먼저 도와달라고 했는데요."

선생님, 선생님, 선생님….

교실에서 하루에 수백 번은 듣는 소리입니다. 1학년 1학기 교실 풍경은 그야말로 누가 먼저 도와달라고 하느냐의 눈치 싸움을 하는 곳 같습니다. 처음에는 누군가의 도움 없이 스스로 해야 한다는 것이 생각보다 힘듭니다. 하지만 이런 SOS 대잔치가 1년 내내 이어지는 것은 아닙니다. 아이들은 점차 스스로 할 수 있는 일이 하나둘씩 많아지거든요. 바로 자율성이 길러지기 때문입니다.

하지만 자율성은 성장하면서 자연스럽게 습득되는 능력이 아닙니다. 자율성이 길러지기 위해서는 부모님의 조력이 필수조건입니다. 그렇다면 스스로 해내는 아이로 기르기 위해서는 어떻게 해야 할까요?

집안일 함께하기

혹시 집안일의 많은 몫을 엄마가 떠안고 있나요? 대부분의 일을 엄마가 전담하더라도 어느 정도의 일은 분담하는 것이 아이를 위해서 바람직합니다. 가정의 사정에 따라 역할 분담이 다르겠지만 가장 중요한 건 모든 일을 엄마가 떠안지 않는 것입니다. 분리수거는 아빠 몫, 빨래 개기는 아이가 하는 등 작은 집안일부터 함께하세요. 가족을 서로 이해하게 되고, 가족의 일원으로서 책임감이 커지게 됩니다.

신발 정리하기, 빨래 개기, 분리수거 하기, 애완동물 먹이 주기, 식물 물 주기, 수저 놓기, 식사 그릇 가져다 놓기, 장난감 정리하기, 책장 정리하기 등 이 시기의 아이가 할 만한 집안일은 방금 열거한 것보다 훨씬 많을 수 있습니다. 아이가 기분 좋게 할 수 있는 집안일부터 맡겨보세요. 집안일을 잘하는 아이는 학급의 일도 앞장서서 처리할 수 있습니다. 당연히 이런 아이는 눈에 띄겠지요.

◇칭찬과 인정이 필요해요

"우리 딸(아들)과 함께하니 집안일이 한결 수월해. 역시 넌 멋진 우리 가족이야!"

아이들은 인정받을 때 자존감이 높아집니다. 특히 사랑하는 사람에게 인정받을 때는 더욱 그렇지요. 집안일을 함께 나눠서 하는 아이에게 칭찬과 인정의 말을 수시로 해주세요. 이때 엄마만 칭찬과 인정하는 사람이 되어서는 안 됩니다. 아빠는 물론이고 가끔 만나는 조부모님도 인정과 칭찬의 역할을 해주어야 합니다.

메모판 활용하기

"예림아, 오늘 학교에 가져가야 할 준비물이 있었던 것 같은데, 뭐였더라?"

"엄마, 나도 기억 안 나. 엄마가 대신 알림장 확인해줘."

씻고, 먹고, 챙겨서 등교하기 바쁜 아침 시간입니다. 엄마 아빠도 함께 출근해야 하는 상황이라면 시간적으로도, 마음의 여유도 없습니다. 그러다가 준비물이나 숙제를 깜박하기도 하죠. (제가 그렇습니다.) 메모를 해두지 않으면 해야 할 일을 누구나 깜박할 수 있습니다. 잊지 않기 위해서는 가족 모두에게 잘 보이는 곳에 작은 칠판형 메모판을 걸어두고 챙겨야 할 목록을 메모해두면 좋습니다.

그동안 많은 부분을 부모가 대신해왔다면 지금부터는 해야 할 일이 누구의 몫인지 판단한 뒤, 자신의 할 일을 아이 스스로 메모하도록 하세요. 일의 책임을 자녀에게 넘겨줘야 하기 때문입니다. 이것이 자율성을 키우는 첫 단계입니다.

무턱대고 "이건 네 일이니깐 네가 해"라고 책임을 전가하지는 마세요. 부모님과 함께 메모하며 자신의 할 일을 스스로 챙기는 연습이 선행되어야 합니다. 부모도, 아이도 스스로 챙겨야 할 일을 메모하고, 등교와 출근 전에 다시 한번 확인하는 습관을 들여보세요.

부모와 아이 모두 메모해야 하는 이유는 아이에게만 좋은 습관을 들이기를 강요하지 않기 위해서입니다. 좋은 행동과 습관은 부모부터 실천해야 하니까요. 부모님부터 맡은 일을 완수하는 모습을 생활 중에 자연스럽게 보여주세요. 그래야 부모의 말에 힘을 실을 수 있으니까요.

일찍 잠자리에 들기

◇8시간 이상의 수면 시간을 확보해주세요

급식을 먹고 난 뒤 오후 수업에서는 지난밤 잠이 충분치 않아 피곤하다고 때아닌 잠투정을 부리는 아이들이 있습니다. 잠을 제대로 못 자고 등교한 아이는 기운이 없을 뿐만 아니라 평소보다 예민해져서 친구들과 갈등이 생기기도 합니다. 일찍 잠자리에 들게 해서 수면 시간을 충분히 확보해주세요. 적어도 8시간 이상은 푹 잘 수 있도록 말이죠.

학교에 입학하게 되면 일정한 시간에 잠들고 일어나야 합니다.

이때 가장 중요한 것은 수면 시간을 확보하는 것입니다. 일정한 수면 시간 확보는 규칙적이고 건강한 습관의 가장 기본입니다. 정해진 시간에 잠을 자고 일어나는 습관이 몸을 배야 학교생활은 물론 건강한 성장과 발달을 할 수 있습니다. 충분한 수면이 면역력의 기본이니까요. 또 규칙적인 시각에 일어나 등교 준비를 하려면 수면 시간이 충분해야 거뜬히 일어날 수 있습니다. 아침에 일어나 등교까지 1시간 가까이 소요된다고 하면 대략 7시에서 7시 30분 사이에는 일어나야 합니다.

늦은 저녁에는 텔레비전 전원도 꺼주세요. 대신 조용한 음악으로 집안을 채워보세요. 아이의 몸이 조용한 음악에 반응하도록 잠자리 루틴을 만들어보세요. 건강과 키는 덤으로 얻을 수 있어요.

◇부모의 습관부터 점검해보세요

아이의 건강한 수면 습관을 방해하는 가장 큰 요인은 무엇일까요? 바로 부모의 수면 습관입니다. 부모님이 늦게까지 맥주 한잔을 곁들인 야식을 차려놓고 드라마를 보고 있으면 아이가 일찍 잘 리가 만무합니다. 아이에게 건강한 수면 습관을 들이려면 TV는 끄고 조용히 잠자리 독서를 하는 등 부모 역시 건강한 수면 습관을 지니는 것이 중요합니다. (맥주 한잔의 여유가 필요한 날은 아이가 잠든 뒤에 가지는 건 어떨까요?)

◇기분 좋게 깨워주세요

- **엄마** : "어서 일어나. 학교 갈 시간이야."
- **아이** : "싫어. 더 잘 거야. 학교 가기 귀찮아."
- **엄마** : "지금 일어나야 학교에 지각하지 않고 갈 수 있어."
- **아이** : "싫다고, 더 잘 거라니까!"

매일 아침 깨우려는 엄마와 더 자려는 아이 사이에 실랑이가 벌어지면 깨우는 엄마나, 억지로 눈을 뜨는 아이나 기분이 좋지 않은 건 매한가지입니다. 이제 갓 여덟 살, 등교 시간에 맞춰 일찍 일어나기란 쉽지 않은 나이입니다. 어른들도 일찍 일어나는 건 어렵지 않나요? 일어날 때부터 짜증스러우면 하루가 불쾌해집니다. 기분 좋게 깨워주세요.

언제나 그렇듯, 첫 단추는 항상 중요합니다. 초등 1학년이라는 첫 단추를 잘 끼운다는 의미는 기본적인 생활 습관과 공부 습관을 다지는 것입니다. 한번 잘못 들인 습관을 고치기 위해서는 바른 습관을 들이는 데 기울인 노력보다 배 이상 더 힘들기도 합니다.

저는 습관은 '스며듦'이라고 표현합니다. 말과 행동으로 가르친 그 모든 것, 가르치진 않았지만 보고 배운 모든 것은 아이에게 스며듭니다. 스며든 모든 것은 아이의 생각과 마음을 채우고 행동으로 드러납니다. 바로 습관이지요. 우리 아이들은 어른들처럼 좋은 행동을 의식적으로 반복하며 일부러 습관을 형성하려고 노력하지 않습니다. 단지 가르친 대로, 가르치진 않았지만 보여준 대로 따라 할 뿐입니다.

습관은 단번에 형성되는 것도, 형성되었다고 해서 지속되는 것도 아닙니다. 스며드는 데는 시간이 필요하고 유지되는 데는 반복이 필요하지요. 아이의 입학이 얼마 남지 않았나요? 이미 입학했나요? 혹시 이미 늦었다는 후회가 밀려오나요? 늦은 건 없습니다. 지금부터 조금씩 실천하는 게 더 중요하니까요. 양치기가 양몰이 하듯 잘 이끌어주기만 하면 우리 아이, 학교생활 잘 할 수 있습니다.

바른 식습관 기르기

급식 시간, 학생들이 가장 기다리는 시간입니다. 반면 1학년 담임 선생님들은 비장한 각오를 해야 하는 시간이지요.

"선생님, 못 먹겠어요."

"선생님, 쏟았어요."

"선생님, 주스 뚜껑 따주세요."

"선생님, 짝지가 먹기 싫다고 몰래 바닥에 버렸어요."

못 먹겠다는 아이, 쏟았다는 아이, 도움을 요청하는 아이, 사고치는 아이들 틈에서 1학년 담임선생님은 밥이 입으로 들어가는지, 코로 들어가는지도 모르는 날이 많습니다. 아직 어른의 손길이 필요한 아이들이기 때문입니다. 아이들이 조금이라도 골고루 먹었으면, 잘 먹었으면 하는 마음으로 가정에서 실천하면 좋은 것들을 안내해드리겠습니다.

아침밥 챙겨 먹기

반 아이들에게 물어보면 30퍼센트 내외가 아침 식사 대신 시리얼이나 과일 정도를 먹거나 아무것도 먹고 오지 않는다고 대답합니다. 각 가정마다 여러 사정이 있겠지만 오전 내내 점심시간만 손꼽아 기다리는 아이들을 보고 있자면 마음이 아프기도 합니다.

아침 식사를 거르게 되면 인지능력이 전반적으로 떨어집니다. 아침은 두뇌가 가장 활발히 움직이는 시간이기 때문에 많은 선생님들이 시간표를 짤 때 국어와 수학을 오전 중에 넣어 편성합니다. 두뇌가 더욱 활발히 움직이려면 에너지가 필요하겠지요? 아이의 활기찬 학교생활을 위해서는 아침 식사를 잘 챙겨주세요. 유치원처럼 오전 간식이 나오는 것도 아니니까요.

편식 고쳐보기

아이들의 식습관은 생김새만큼 다양하지만 대체로 콩, 토마토, 채소를 먹기 싫어하는 아이들이 많습니다. 콩이 섞인 밥이 나오는 날이면 힘겹게 콩을 골라내느라 늦게까지 씨름하는 아이, 콩을 골라내지 못해 밥을 포기하는 아이도 있습니다. 먹기 싫은 반찬을 슬쩍 자리 밑으로 떨어트리거나 휴지에 싸서 버리는 아이도 있습니다.

담임선생님께 검사를 받기 직전에 입안에 가득 넣었다가 나가는 길에 뱉어버리는 아이도 있지요.

선생님마다 다르지만, 요즘에는 모든 음식을 남김없이 먹어야 한다고 강요하는 선생님은 잘 없습니다. 단, 조금씩이라도 골고루 먹어보자고 하지요. 급식을 먹고 나면 식판 검사를 하는 선생님들도 많습니다. 조금이라도 골고루 먹었으면 해서예요. 또 더 많이 놀기 위해 밥을 몽땅 버리는 아이도 종종 있으니, 적어도 몇 숟갈은 더 먹여야 하니까요.

1학년 아이들은 식판 검사에 붙은 '검사'라는 단어에 민감합니다. 특히 타고난 FM기질의 아이들은 먹기 싫어도 남기기가 어렵습니다. 또 더는 못 먹겠다고 선생님께 기죽은 목소리로 말하는 건 더 어렵습니다.

"밥은 가급적이면 남기지 말자."

"반찬은 모두 한 번씩 먹어보자."

이 정도의 원칙을 아이와 손가락 걸고 약속해보세요. 최대한 부담 없이 다양하고 새로운 음식의 맛을 느껴보는 건 꽤 좋은 경험입니다.

제 둘째 아이는 대체로 골고루 먹는 편이지만 토마토를 좋아하지 않습니다. 그런데 학교 급식에서 토마토를 먹었다는 거예요. 남기면 안 될 것 같아서 어쩔 수 없이 먹었는데, 집에서 먹던 토마토와 다른 맛이었다며 정말 맛있었다고 전했습니다. 사실 집에서 먹던 토마토와 맛 차이가 났으면 얼마나 났을까요? 어느 날은 급식으로 나온 애호박나물이 그렇게나 맛있었다며, 저에게 해달라고 부탁을 했습니다. 제가 애호박을 좋아하지 않다 보니 집에서 거의 해준 적이 없었거든요.

급식이 편식을 조금이나마 개선시킬 수 있는 좋은 경험이 된다는 것은 분명합니다. 또 엄마가 예상하는 것보다 아이들의 입맛은 빨리 변하기도 합니다. 평소에 집에서 먹어보지 못해서 못 먹는 줄 알았던 음식도 입맛에 잘 맞기도 합니다.

어떤 반찬을 해줘야 할지 고민될 때 있으시죠? 그렇다면 급식 식단표를 펼치세요. 그리고 아이에게 맛있었던 반찬에 동그라미 쳐보자고 하세요. 새로운 메뉴 아이디어가 떠오를 거예요.

만약 특정 음식에 알레르기가 있다면 예비소집일날 배부되는 학생 기초조사서에 반드시 기록해주세요. 하지만 학교에서 급식 지도를 하다 보면 놓칠 수도 있어요. 매달 학교에서 안내하는 급식 식단표를 참고해서 피해야 하는 음식이 나오는 날에는 아이에게 미리 당부해두면 좋습니다.

다양한 과일 먹어보기

학교 급식에는 과일이 자주 나옵니다. 그런데 대부분 껍질째로 나오지요. 과일은 먹고 싶지만 먹는 법을 몰라 남기는 아이들이 많습니다. 껍질을 피해 먹느라 몇 입 먹지 못하기도 합니다. 껍질에도 영양이 풍부하니 먹어보기를 권유하면 손사래를 치기도 합니다. 평소에 우리 아이가 너무 정갈한 과일만 고집하지 않도록 꼭지가 달린 딸기, 껍질째 먹는 사과, 숟가락으로 떠먹는 키위 등 다양한 형태의 과일을 스스로 먹어보면 학교 급식에 빨리 적응할 수 있습니다.

시간 안에 식사 마치기

대체로 1학년 아이들의 식사 시간은 30분 내외가 적당합니다. 하지만 학교 상황에 따라 그 정도의 시간 여유가 없기도 합니다. 20분 이상 넘어가면서 다른 친구들이 하나둘 자리를 뜨고 자신만 덩그러니 혼자 남아 식사를 하게 되면 마음이 급해질 수 있어요. 밥을 지나치게 느리게 먹게 되면 식사 후 놀이 시간이 짧아지는 것은 물론이고 다음 수업 시간 준비도 서둘러야 합니다.

식사 시간이 늦어지는 아이에게는 대체로 그럴 만한 이유가 있습니다. 편식이 심해 먹기 싫은 반찬을 앞에 두고 고사를 지내거나, 식사에 집중하지 못하고 옆 친구와 장난을 치기도 합니다. 급식으로 나온 음식으로 장난을 치기도 하고요. 간혹 치아에 문제가 있어 식사 시간이 늦어지는 경우도 있으니 치아 상태를 살펴봐주세요. 진료가 필요할 수도 있거든요.

정해진 식사 시간이 있다는 것을 아이에게 인지시켜주고 가정에서부터 실천해보세요.

"30분이 지나면 식사 정리 같이하자."

"놀이는 식사를 다 마치고 나면 다시 하자."

"멋진 어린이는 멋진 식습관도 갖추고 있단다. 우리 아들(딸)도 멋진 식습관을 가져보자."

빨리 먹기를 강요하는 것이 아니라 식사라는 행위에 집중할 수 있도록 격려하면서 말이에요.

젓가락질 연습하기

입학 초기에는 많은 아이들이 급식을 먹을 때 숟가락만 사용합니다. 아마도 젓가락 사용이 익숙하지 않아서겠지요. 그렇다고 해서 지금 당장, 입학 전부터 젓가락질을 잘해야 한다는 말이 아닙니다. 지금부터 천천히 쇠젓가락을 사용하며 능숙해지도록 도와줘야 합니다. 젓가락질은 충분한 연습이 필요하기 때문입니다. 언제까지 숟가락으로만 밥을 먹을 수는 없으니까요.

지금부터 천천히 익히며 젓가락 사용에 능숙해지도록 도와주세요. 가끔 포크를 찾는 학생들도 있습니다. 학교에는 포크가 따로 준비되어 있지 않다 보니 포크를 챙겨줘도 되냐는 질문을 종종 받습니다. 지금 당장의 불편함을 해소해줄지, 연습의 기회를 줄지는 부모님의 판단입니다. 아이를 위해서라면 서툴더라도 더 많이 연습할 기회를 주는 게 낫겠죠?

우유갑 여는 연습하기

우유 급식 여부는 학교마다 다릅니다. 제가 근무하는 학교는 우유 급식을 하지만 제 아이가 다니는 학교는 우유 급식을 하지 않거든요. 우유 급식을 하는 학교도 신청자에 한해 제공해줍니다.

우유 급식은 보통 1교시 쉬는 시간에 합니다. 학급에 따라서는 1교시 전에 우유를 마시기도 합니다. 이때 1학년 교실은 다른 학년에 비해 굉장히 분주합니다. 우유갑을 스스로 열지 못해 선생님께 열어달라고 부탁하는 아이들과 혼자서 열다가 쏟는 아이들이 많기 때문입니다. 또 "우유가 차가워서 못 마시겠어요" "다 못 마시겠어요. 남겨도 돼요?"라고 말하는 아이들 사이에서 우유갑을 열어주고, 쏟은 우유나 남긴 우유를 처리하느라 선생님의 손은 열 개라도 모자랍니다.

다른 친구들은 선생님의 도움 없이 스스로 우유갑을 열고 마시는데, 자신은 매번 선생님의 도움을 받아야 한다면 아이가 학교생활에 불편함을 겪게 됩니다. 우유를 스스로 마신다는 것은 간단해 보이는 일이기도 하지만 어린아이들은 손 근육이 약하기 때문에 우유갑을 여는 것이 어렵기도 합니다.

우유갑을 열 때 처음에는 누구나 실수할 수 있습니다. 하지만 그 실수를 학교에서 하게 되면 아이는 의도치 않게 위축될 수도 있습니다. 구경꾼 친구들 사이에서 쏟은 우유를 처리까지 해야 하니까요. 교과서나 책가방이 우유에 젖기라도 한다면, 게다가 친구의 자리까지 닦아줘야 한다면 곤혹스럽습니다. 이런 실수를 대비하여 조금 더 편안한 가정에서 한두 차례 연습해보는 것이 좋아요.

급식에는 가끔 뚜껑을 돌려서 따 먹는 요구르트나 주스류가 나오기도 합니다. 아이가 스스로 뚜껑을 돌려 따지 못하면 식사 중에 담임선생님에게 도움을 청하러 옵니다. 물론 담임선생님이 도와주지만 가정과 같이 쏟아도 마음이 편한 장소에서 손의 힘이 길러지도록 조금씩 연습해보면 좋습니다.

만약 유당 알레르기가 있거나 우유 급식을 희망하지 않는다면 미리 담임선생님께 말씀드리고 우유 급식 미희망서를 제출하면 됩니다.

식판 옮겨보기

학교에서는 교실 급식을 하든, 급식소에서 식사하든 관계없이 음식이 담긴 식판을 아이 스스로 옮겨야 합니다. 선생님이 미리 지도를 하지만, 음식이 담긴 식판을 받으면 한 걸음도 떼지 못하는 아이 뒤로 긴 줄이 늘어서기도 합니다. 물론 음식을 쏟는 대형 사고가 생기기도 하지요. 피치 못할 실수지만 실수를 한 아이는 급식 시간이 마냥 즐겁지 않습니다. 이런 실수를 대비하여 가정에서 한두 차례 음식이 담긴 식판을 자기 자리까지 옮겨보도록 하세요.

입학을 앞둔 아이에게 "젓가락질이 이게 뭐야?" "식판 쏟으면 큰일 나" "과일도 껍질까지 먹지 않으면 선생님께 혼날걸" 같은 말은 부모님의 불안한 마음을 아이에게 전가하는 것입니다. 조금 서툴러도 큰 문제 생기지 않아요. 기능적인 것보다 더 중요한 건 학교에 대한 긍정적인 감정입니다. "오늘 급식에 나오는 반찬은 얼마나 맛있을까?" "맛있게 먹고 친구들과 즐거운 점심시간 보내"와 같은 말로 두려움보다는 기대감을 가질 수 있도록 도와주세요.

기본 생활 습관 기르기

1학년 담임을 할 때였습니다. 마음이 여린 한 아이가 "선생님, 화장실 가고 싶어요" 하고 기어들어가는 목소리로 말하기에 저는 당연히 조심해서 다녀오라고 했습니다.

"따라와 주세요."

아이는 제가 화장실 앞을 지켜주지 않으면 화장실을 갈 수 없다고 했습니다. 저는 너무 당황스러웠습니다. 수업 중이었거든요. "수업이 없는 다른 선생님께 도와달라고 하자"라고 말하니 싫다며 제가 그 앞에 서 있어주기를 원했습니다. 아이가 당장 급해 보였기 때문에 다른 선생님께 잠시 반을 부탁하고 아이가 편안하게 볼일을 볼 때까지 저는 화장실 앞에 서서 지켜야 했습니다.

하지만 아이가 매번 화장실에 가고 싶을 때마다 담임선생님이 그 앞을 지켜주기는 현실적으로 곤란합니다. 초등학생이라는 이유를 넘어, 아이는 자라면서 스스로 해야 할 일이 점점 늘어남과 동시에 그 일에 능숙해질 필요도 있습니다. 스스로 잘하는 아이로 기르기 위해서 부모가 특히 신경 써야 하는 부분은 무엇일까요?

혼자 화장실 가기

의외로 스스로 뒤처리를 못 하는 아이들이 있습니다. 혼자 못 닦는다고 저에게 닦아달라고 하는 아이도 있었어요. 하지만 매번 엄마처럼 도와줄 수 없는 것이 학교 현실입니다. 스스로 뒤처리를 못 하는 이유는 무엇일까요? 스스로 해본 경험이 적기 때문입니다. "이제 다 컸는데 혼자 해야지"라고 말하면서 엄마의 손은 이미 뒤처리를 대신해주고 있습니다.

혼자 하라는 말은 방법을 자세히 알려준 뒤에 해야 합니다. 자기 손에 더러운 게 묻는다고 휴지를 손이 보이지 않게 붕대처럼 감아서 닦은 뒤, 그대로 변기에 넣어서 본의 아니게 휴지 테러를 하는 아이들이 1학년입니다. 혼자 하라는 말에 앞서, 휴지를 올바르게 사용하는 방법을 알려줘야겠지요. 또 학교에는 비데가 설치된 화장실이 많지 않습니다. 가정에서 주로 비데를 사용했다면 비데 없이 사용하는 연습이 필요합니다. 그리고 물티슈를 사용하고 변기에 버리면 안 된다는 것도 미리 알려주세요. 1학년 화장실은 변기 고장 사고가 잦습니다. 이유가 짐작되지요?

공식적으로 화장실은 쉬는 시간에 다녀와야 하지만 입학을 갓 한 1학년 아이들에게 이 규칙을 무조건 강요하는 선생님은 없습니다. 급하면 수업 시간에도 선생님께 말씀드리고 다녀와도 된다고 이야기해주세요.

하지만 배가 아파 보이는데도 보건실도, 화장실도 가고 싶지 않다는 아이들이 있습니다. 억지로 화장실에 보내도 볼일을 보지 못하고 교실로 돌아오기도 하지요. 볼일을 참고 있는 수업 시간 내내 아이의 머릿속은 온통 '빨리 집에 가고 싶다'일 거예요. 혼자 화장실에 가서 잘 처리하는 아이들도 다수 있지만, 배변 문제 때문에 학기 초 부적응을 겪는 아이들도 있습니다. 급기야 학교에서는 화장실을 가지 못하고 참았다가 집에 가서 볼일을 보는 아이들도 다수 있지요.

언제까지 무작정 참았다가 집에서 볼일을 볼 수만은 없어요. 아이가 집이 아닌 곳에서는 볼일 보기를 어려워한다면 기회가 닿는 대로 집이 아닌 곳에서도 볼일 보는 경험을 갖게 해주세요. 백화점, 마트, 도서관, 식당 등을 방문했을 때 그곳의 화장실도 사용해보도록 말이죠. 이때의 가장 큰 장점은 부모님이 가까이 있다는 사실입니다. 혼자서 해보고 잘 안 되면 도움을 청할 든든한 지원군이 있다는 거죠.

학교에서도 편안하게 화장실을 사용할 수 있도록 조금씩 연습해보도록 하세요. 화장실 사용 때문에 학교 가기 싫으면 곤란하니까요. 혼자 화장실 가서 뒤처리까지 잘 할 수 있도록 입학 전에 가정에서 충분히 연습할 수 있도록 도와주세요. 볼일을 본 후, 옷을 단정하게 여미는 연습도 물론이고요.

입고 벗기 편한 옷 입기

시끌시끌한 쉬는 시간, 여학생 한 명이 난감한 표정을 지으며 저에게 다가왔습니다.

"선생님, 옷이 다 젖었어요."

아이 옷을 살펴보니 무릎 밑으로 내려오는 긴 원피스 끝자락은 물론이고 원피스에 달린 허리끈까지 다 젖어 있었습니다. 누가 봐도 공주 같다는 말이 절로 나올 만한 드레스 같은 옷이었지만, 치렁치렁한 원피스는 변기에 빠져 아이를 곤란하게 만들었습니다.

몸에 달라붙는 스타킹을 올리고 내리기도 버거울 텐데 긴 치맛자락이 변기에 빠지지 않도록 옷을 잘 잡는 것도 아이들에게는 보통 어려운 일이 아닐 거예요. 긴 치맛자락뿐만 아니라 코트에 달린 벨트나 원피스에 달린 리본 줄이 변기에 빠지는 일은 흔히 발생합니다. 아이들이 불편할 수도 있겠지요?

지나치게 긴 외투도 좋지 않습니다. 의자 뒤에 걸어두면 바닥에 질질 끌리게 되고, 화장실을 가는 것도, 바깥 놀이를 할 때도 불편합니다.

혼자 옷을 입고 벗을 수 있는 편안한 옷을 입고 등교할 수 있도록 해주세요. 벨트나 단추가 많이 달린 옷보다 입고 벗기 편한 고무줄 옷이 좋습니다. 볼일이 너무 급해 복잡한 옷을 벗다가 실수하는 아이도 있습니다. 그런데 화장실은 교실과 거리가 떨어져 있어서 담임선생님의 도움이 미치지 못하기도 합니다. 실수를 대비하여 지퍼백에 여벌의 속옷과 바지, 양말을 챙겨 사물함에 넣어두는 것도 좋습니다.

스스로 옷 고르기

가끔 계절에 맞지 않는 옷을 입고 오는 아이가 있습니다. 과한 드레스나 캐릭터를 드러내는 옷을 입고 오는 아이들도 있죠. 한 여학생이 디즈니 공주 드레스를 입고 학교에 온 적이 있었습니다. 특별한 날도 아니었어요. 학생의 엄마로부터 받은 장문의 메시지에는 도저히 고집이 꺾이지 않아 그냥 입고 가도록 놔뒀다는 내용이 적혀 있었습니다.

결론은 디즈니 공주 드레스를 입고 학교에 와도 괜찮습니다. 드레스를 입고 온 결과는 본인의 몫이기 때문입니다. 학교에 입고 가기에 부적절한 옷차림이었다는 사실을 직접 느껴보면 되는 것이죠. 그런 눈에 띄는 차림으로 등교를 하게 되면 어떤 일이 생길까요? 먼저 친구들 사이에서 지나친 관심을 받을 테지요. 선생님으로부터는 “정말 예쁜 드레스지만 학교에서 공부할 때는 불편하니 다음에는 편한 옷으로 입고 오자"라는 조언을 듣게 될 것입니다. 관심받고 싶었던 마음은 그날로 충분히 해소될 거예요. 그 여학생은 그날 이후로 두 번 다시 드레스를 입고 등교하지 않았습니다.

얼어 죽을 법한 옷차림이나 더워 죽을 법한 옷차림이 아니면 아이의 선택을 눈감고 인정해주는 여유가 필요합니다. 선택에 대한 옳고 그름의 판단을 아이에게 맡겨보세요. 더 나은 선택으로 더 좋은 결과를 얻게 되는 경험은 여러 번의 시행착오를 거치면서 쌓이게 됩니다. 옷을 선택하는 정도의 작은 일부터 아이가 스스로 결정하고 책임을 지는 경험이 쌓여야 스스로 할 수 있는 일이 많아집니다. 그 일에 능숙해지는 것도 경험치에 달려 있어요. 지나치게 춥게 입거나 덥게 입는 것이 아니라면 아이의 선택을 존중해주세요. 학교생활에서 큰 문제가 생기는 건 아니니까요.

스스로 씻고 양치한 뒤 로션을 바르고 옷을 입는 것은 물론, 집을 나서기 전에 거울을 보며 자신의 차림새를 점검할 수 있다는 것은 아이가 스스로 등교 준비를 할 수 있는지와 관련이 깊습니다. 학교 갈 책가방을 스스로 챙기고 숙제를 스스로 하는 것만 등교 준비에 해당하는 것은 아니죠. 스스로 고른 옷을 야무지게 차려입고 집을 나서기 전, 자기 모습을 점검해보도록 알려주세요. 내 몸의 주인은 나라는 사실을 일깨워주면서 말이에요.

편한 신발 신기

바깥 놀이 활동 시간, 들뜬 아이들은 급하게 신발을 갈아신고 운동장으로 뛰어나갑니다. 그런데 한 아이가 신발장 앞에 쭈그리고 앉아 끙끙대고 있었어요. 도움이 필요한가 싶어 다가가 보니 발목 위로 올라오는 멋진 부츠를 신느라 진땀을 빼는 중이었습니다. 반 친구들은 모두 운동장으로 뛰어가고 혼자 덩그러니 남아 신발과 씨름해야 했던 아이의 마음, 상상되시죠?

신발을 신고 벗기 어려우면 아이 혼자 쩔쩔매게 되는 상황이 생깁니다. 아이가 책가방을 멘 채 신발을 신고 벗는 모습을 상상해 보세요. 무거운 책가방을 등에 멘 채 허리를 숙여 신발을 신다 보니 책가방에 무게중심을 잃기도 합니다. 저는 그런 아이가 안쓰러워 가방을 들어주거나 무게중심을 잡도록 아이를 부축해주기도 합니다.

부츠형 신발이나 신발 끈을 풀고 묶어야 하는 신발은 등교용으로 적합하지 않습니다. 보기에는 멋지고 화려하지만, 아이에게는 거추장스러울 뿐인 신발입니다. 학교에서는 신발을 갈아 신어야 할 일이 자주 있습니다. 이왕이면 아이가 신고 벗기 편하면 좋겠지요. 신발 끈이 달린 것보다는 벨크로 타입의 운동화가 편합니다. 또 아이가 운동화를 신었을 때 발가락 앞부분이 불편하지는 않은지 확인해주세요. 뒤꿈치도 아이 손가락 하나쯤 들어갈 여유가 있으면 편합니다.

정리 정돈 습관 기르기

"이번 시간은 국어 시간이에요. 《국어》 책과 《국어 활동》 책도 준비하세요."

서랍에서 두 권의 교과서를 꺼내 공부할 페이지를 찾는 아이들 사이로 머리를 책상 서랍에 박고 여전히 뒤적거리고 있는 영훈이가 눈에 들어옵니다. 영훈이는 교과서가 없는 듯 이내 빈 책상에 두 손만 털썩 내려놓습니다. 교과서를 찾아주려고 영훈이 자리 근처로 가니 바닥에는 온통 영훈이 물건들이 여기저기 떨어져 있습니다. 영훈이의 물통은 어디까지 굴러갔는지 한참 떨어진 다른 친구의 책상 밑에 있습니다. 서랍을 들여다보니 접다 만 색종이 뭉치와 구겨진 학습지 사이로 교과서가 보일락 말락 합니다. 얼마 지나지 않아 저는 영훈이 부모님께 연락을 드렸습니다. 영훈이에게 스스로 정리 정돈하는 습관을 길러주기 위해서였습니다. 좋은 습관은 가정과 학교가 함께 협력해야 빨리 스며드니까요.

자기 주변을 깔끔하게 정리하는 모습은 야무지고 단정한 아이로 보이게 합니다. 정리를 못 하는 것은 아이 성향일까요? 그렇지 않습니다. 정리 정돈은 성향의 차이가 아니라 습관의 차이입니다. 충분히 고쳐질 수 있다는 말입니다.

내 물건 소중히 여기기

자신이 해야 할 일 중에 가장 대표적인 것은 자기 물건 챙기기입니다. 학교에는 분실물이 매우 많습니다. 본인 책상 밑에 떨어진 물건도 자기 것이 아니라는 아이들도 많지요.

"어차피 집에 많아요."

잃어버린 물건의 주인을 찾아줄 때 꼭 나오는 말입니다. 참으로 풍족한 말입니다. 잃어버리거나 부러지면 새로 사거나 집에 있는 걸로 다시 채우면 되니 아쉬울 게 없습니다. 학기 초에는 약간의 긴장감으로 자신의 학용품에 꼼꼼하게 이름을 적지만 조금만 지나면 금세 해이해집니다. 주인을 백방으로 찾아보지만, 쉽게 찾기 어렵습니다. 유일하게 주인이 번개처럼 나타나는 물건이 하나 있다면 핸드폰 정도입니다.

지나치게 풍족하지 않았으면 합니다. 자기 물건을 소중히 여기라는 말은 그저 잔소리로 들릴 테니까요.

내 물건에 이름 적기

내 물건에 스스로 이름을 적도록 해주세요. 소중한 내 물건에 이름을 적거나 네임 스티커를 붙이는 것은 물건에 대한 책임감을 부여하기 위한 의식적인 행위여야 합니다. 내가 주인이기 때문에 내가 잘 챙겨야 하는 물건임을 생각하도록 말이에요.

네임 스티커나 견출지, 네임펜으로 직접 적어 넣기 등 어떤 방법이든 다 좋습니다. 한 가지 팁을 드리자면 여러 해에 걸쳐 사용하는 물건에는 학년, 반, 번호까지 꼭 적지 않아도 괜찮습니다. 다음 학년도에 바뀐 학반과 번호를 수정하려면 여간 번거로운 게 아니거든요. 아이들이 대체로 물건을 분실하는 장소는 교실 내, 넓으면 학교 운동장, 특별실 등입니다. 학반과 번호 없이 이름만으로도 충분히 주인을 찾을 수 있습니다.

정리 정돈 가르치는 법

◇구체적인 지시어를 사용해주세요

하교 후, 책가방을 아무렇게나 던져놓은 아이에게 어떻게 말하면 좋을까요? "가방 좀 제자리에 갖다 놔"라는 말에는 장소가 구체적이지 않습니다. "가방은 서랍장 위에 올려놓자"라고 조금 더 구체적으로 말하는 것이 좋습니다. 제자리라는 두리뭉실한 말보다 명확하게 장소를 지정해주는 것이 아이가 실천하기 쉽습니다. 물론 지정된 장소를 아이가 이미 알고 있다면 이곳, 저곳과 같이 말해도 알아들을 테니 매번 구체적으로 말할 필요는 없습니다.

◇직접 몸으로 보여주세요

처음에는 혼자 정리 정돈하는 것이 서툴고 힘겨워 보일 수 있습니다. 이때는 말로만 방법을 설명하기보다는 몸으로 직접 보여주며 함께 익힐 수 있도록 도와주세요. 한 번만에 익힐 수 있을까요? 그러기는 쉽지 않습니다. 습관이 단번에 자리잡힐 리 없습니다. 아이가 방법을 충분히 익힐 때까지 학용품도 함께 정리해보고, 책가방 정리도 함께해보세요. 여기서 가장 중요한 것은 '함께'해야 한다는 것입니다. 분명 함께하기로 아이와 약속했는데 어느 순간 보면 혼자서만 정리하고 있는 엄마를 발견하기도 하니까요.

◇제자리를 알려주세요

정리 정돈의 기본은 단 한 가지, '제자리에'입니다. 아이에게 제자리를 알려주세요. "스스로 정리해야지"라는 지시 앞에는 방법을 설명하는 것과 몸으로 익히는 것이 선행되어야 합니다. 그다음은 스스로 정리할 기회를 주는 것입니다.

"우리 학용품 친구들이 열심히 일했으니 이제 각자의 집에서 푹 쉬도록 넣어주는 건 어때?"

방법을 알려줄 때는 아이 수준에 맞게 설명해주세요. 정리 정돈의 결과가 시원찮아도 기다려줘야 합니다. 반복하지 않으면 습관이 될 수 없습니다. 충분히 반복하여 습관이 될 수 있도록 기다려주세요. 여러 번 해봐야 요령을 익히고 속도도 늡니다.

등교 준비는 전날 미리 하기

1학년 아이들은 방법을 잘 모르기 때문에 서툰 점이 많습니다. 가방 정리 정돈도 마찬가지입니다. 책과 공책류, 파일은 가지런히 정리해서 넣어야 한다는 것, 필통은 큰 물건을 넣고 난 뒤 남은 자리에 넣는다는 것, 필요하지 않은 물건은 매일 가방에서 꺼내고 정리한다는 것을 연습을 통해 스스로 할 수 있도록 도와주세요. 책가방 속에서 물건이 여기저기 섞여서 잘 찾지 못하게 되거나 가방을 쓰레기통처럼 사용하지 않도록 말이죠.

가끔 실내화를 가정으로 가져가야 할 때, 미처 실내화 주머니를 챙겨오지 못해 지저분한 실내화를 책가방에 욱여넣는 아이들도 있습니다. 이를 대비하여 작은 비닐 팩을 비상용으로 가방에 넣어 다니면 편리합니다.

준비물을 챙겨 가지 않았다면?

그날 교과 학습에 필요한 준비물을 현관 앞에 고스란히 놔두고 갔다면 엄마는 좌불안석이 됩니다. 지금 당장 뛰어 내려가야 할지, 그냥 놔둘지 고민되겠지요? 준비물을 가져가지 않으면 아마도 아이가 꽤 불편할 수 있습니다. 선생님께 기어들어가는 목소리로 준비물을 가져오지 않았다고 말해야 할 테니까요. 또 친구들에게 빌려야 할 수도 있습니다.

준비물이 없어서 수업을 받지 못하는 일은 없습니다. 조금 부족한 활동을 해야 할 수는 있지만요. 하지만 준비물을 잘 챙기지 못했을 때 겪게 되는 어려움 정도는 '안전한 실패 경험'입니다. 이 정도의 역경에 불편한 감정을 가져보기도 하고 스스로 해결해보기도 해야죠. 그래야 조금 더 큰 어려움에 직면했을 때 스스로 해결해볼 수 있습니다.

엄마가 잘 챙겨주지 않으면 섭섭해하겠지요. 하지만 매번 교실 뒷문 틈 사이로 준비물을 전달해주는 엄마가 되면 아이는 고학년, 아니 중고등학생이 되어서도 스스로 챙기는 힘을 기를 수 없습니다. 그냥 놔두세요. 괜찮습니다.

사랑받는 아이가 되는 태도 만들기

친절한 말 습관

학년 연구실에서 동학년 선생님들과 이야기를 나누고 있을 때였습니다. 노크 소리와 함께 남학생 한 명이 연구실로 들어왔습니다.

"선생님, 안녕하세요? 저희 반으로 전화 한 통이 왔는데 저희 선생님께 말씀드려야 할 것 같아서요."

옆 반의 동현이라는 1학년 남학생이었습니다. 옆 반 선생님은 동현이에게 고맙다고 말씀하셨고, 동현이는 "선생님, 저는 교실로 먼저 가볼게요"라는 인사를 하고 연구실을 나섰어요.

"어머, 학생이 어쩜 저렇게 예의가 바를까요? 참 예뻐요."

"저도 복도에서 여러 번 마주칠 때마다 어찌나 예쁘게 인사를 하는지, 눈에 띄더라고요."

"친구들에게도 하나같이 예쁘게 말해서 그런지 인기도 많아요."

그 자리는 온통 동현이 칭찬으로 가득 찼습니다.

사회성의 기본, 인사 잘하기

예의 바른 아이가 사랑받는 것은 절대 진리입니다. 예의 중 특히 인사는 사회성의 기본이기도 합니다. 인사만 잘해도 선생님과 친구들에게 좋은 인상을 심어줄 수 있습니다. 어른에게는 무조건 인사해야 한다는 의무감보다 상황에 따라 필요한 말이 인사임을 알려주세요.

'다녀오겠습니다' '안녕하세요?' '안녕히 계세요' '내일 또 만나요' '감사합니다' 같은 말과 어른께 물건을 전달할 때는 '두 손으로 공손히 전달하기' '두 손 모아 공손히 인사하기' 등의 행동은 연습이 필요합니다. 예의는 하루아침에 몸에 익지 않기 때문이죠. 평소에 꾸준히 가르치는 것이 중요합니다.

사실 가장 중요한 건 본보기입니다. 부모님이 먼저 예의 바르게 말하고 행동하는 모습을 자주 보여주세요. 엄마는 건성으로 인사하면서 아이에게 인사 제대로 안 한다고 말하면 언행불일치를 보여주는 예일 뿐입니다.

존댓말 사용하기

부모님을 비롯한 어른에게는 존댓말을 쓰는 것이 좋습니다. 가끔 저에게도 반말 비슷하게 말하는 아이들이 있습니다. 존댓말이 습관이 안 된 경우입니다. 문장의 끝을 '~요'나 '~니다'로 끝내도록 지도를 하면 어색해서 말꼬리를 흐리기도 합니다. 이럴 때는 부모님도 함께 의도적으로 높임말을 가족 간에 사용해보세요. 처음에는 아이가 어색해하더라도 곧 익숙해집니다. 결국은 모방입니다. 부모가 먼저 서로를 존대하는 말, 예쁜 말을 많이 들려주세요.

거친 말 사용하지 않기

예쁜 말과 거친 말은 습관입니다. 습관이기 때문에 공들여 다져야 합니다. 잘못 길들여진 말 습관은 참으로 고치기 어렵습니다. 하지만 우리 아이들은 아직 길들여졌다고 단정하기에는 맑고 순수합니다. 충분히 예쁜 말 습관을 들이기 좋은 시기입니다.

아이들의 싸움도 말 때문에 생기는 경우가 많습니다. 상대의 기분을 상하게 하는 말로 갈등이 생기게 됩니다. '어쩔티비' '열라 짱나'와 같이 분명 어떤 감정인지 알 수는 있지만, 모든 감정을 똑같이 거친 말로 표현하는 아이들이 많습니다. 문제는 그런 말 표현 말고는 어떻게 말해야 할지 모른다는 것입니다.

바르지 못한 언어 생활은 사고력과 어휘력에 치명적입니다. 말은 행동과 사고를 지배하거든요. 아이의 거친 말과 욕을 방치하지 마세요. 욕이나 비어를 뜻도 모르고 쓰는 게 아이들입니다. 아이가 바른 행동과 건전한 생각을 갖기 바란다면 예쁜 말부터 가르쳐주세요. 나쁜 말을 쓰기 시작했다면 단호한 훈육이 필요합니다.

우리 집에는 아이의 친구들이 자주 놀러 옵니다. 개중에 나현이라는 친구는 수시로 "이모, 사랑해요" "이모, 예뻐요" "이모가 차려준 밥이 최고 맛있어요" 이런 말을 달고 있습니다. 물론 친구들에게도 "사랑해"를 넘치도록 말하고요. 나현이는 동네에서 인기 만점입니다. 서로 나현이랑 놀기 위해 경쟁하기도 합니다. 생각해보면 나현이 엄마도 수시로 저에게 "넌 못하는 게 뭐니?" "언니가 다 해줄게" "유정아, 사랑해"라는 말을 합니다. 그렇습니다. 나현이는 엄마의 행동과 말을 보고 배웠을 뿐입니다. 항상 기억하세요. 아이는 부모의 거울이라는 사실을요.

◇표현을 바꿔주세요

아이들은 앞뒤 상황과 관련 없이 "걔는 나빠"라고 표현합니다. 하지만 이 말을 곱씹어보면 '나빠'의 주어가 사람입니다. 사람과 같이 '개체'를 나쁘다고 판단하게 놔두면 상대와의 관계에 문제가 생길 수 있습니다. 이때는 사람이 아닌 '행위'가 주어가 되도록 말의 표현을 바꿔주세요.

"그 아이가 밀친 행동은 나빠."

"네가 새치기한 행동은 나빠."

사람은 바꾸기 어려워도 행위는 개선하기 쉽습니다. 약간의 어감 차이를 아이가 느낄 수 있도록 지도해주세요.

지혜로운 말 습관

급식소에서 점심 배식을 받던 지승이는 난처한 표정을 지었습니다. 지승이의 표정을 읽은 영양사 선생님이 "뭐 더 줄까? 아니면 조금만 줄까?"라고 물었지만 대답하지 않은 채 자리로 가 앉았습니다. 한참을 지나 지승이에게 가보니 밥이 반도 줄어 있지 않습니다.

"지승이가 오늘 입맛이 없구나. 다 못 먹겠어? 아니면 반찬이 부족하니?"

지승이는 숟가락으로 식판만 두드리고 있을 뿐, 역시나 대답은 하지 않았습니다. 곁에서 밥 먹는 걸 도와주려고 하니 그제야 기어들어가는 목소리로 "그만 먹을래요"라고 말했습니다. 아마도 지승이는 배식을 받을 때부터 "조금만 주세요"라고 말하고 싶었던 것 같습니다. 하지만 그렇게 말하기 어려웠던 것이지요.

초등학교 저학년 아이들은 재잘재잘 말이 많습니다. 동시에 정작 진짜 필요한 말은 하지 못하거나 자기 생각을 제대로 전달하지 못하기도 합니다. 자기 의사를 표현하는 연습이 부족하기 때문이지요. 지나치게 수줍어서 하고 싶은 말을 못 하거나 우물쭈물하면 관계에 문제가 생길 수 있습니다. 학교에 입학하기 전부터 자기 생각을 잘 전달할 수 있도록 적절한 훈련이 필요합니다.

단체 생활에서 의사소통 능력은 필수입니다. 도움이 필요할 때는 용기 내어 말할 수 있어야 하고, 친구의 곤란한 제안에 기분 상하지 않게 거절할 줄도 알아야 합니다.

도움 요청하기

학급에는 다양한 수준의 아이들이 있습니다. 담임선생님이 학생들의 개인차를 고려하여 수업을 진행하더라도 직접적인 도움을 줘야 다음 활동으로 진행할 수 있는 아이도 있지요. 하지만 많은 학생들 중에서 도움이 필요한 학생이 바로 눈에 띄지 않을 수 있습니다. 빈번하게 도움을 요청하는 것은 곤란하지만 진짜 도움이 필요할 때 "선생님, 잘 모르겠어요. 도와주세요"라며 용기 내어 말할 수 있어야 합니다.

"선생님, 화장실 다녀와도 되나요?"

"밥은 조금만 주세요."

수업 중이더라도 화장실에 가고 싶다면 허락을 받고 다녀오면 되니 말하는 연습을 시켜주세요. 조금만 먹는 아이라면 배식할 때 조금만 달라고 말해도 괜찮다는 것도 알려주고요.

부드럽게 거절하기

아이들의 다툼은 사소한 말 한마디와 행동에서 시작됩니다. 친구의 싫은 행동이나 말을 거절하지 못하는 것도 문제지만 거절할 때 감정을 지나치게 담아서 말하는 것도 바람직하지 않습니다. 상대의 기분을 고려하며 의사 표현을 해야 합니다.

예를 들어 친구가 "지우개 좀 빌려줘"라고 했을 때 "싫어. 선생님, 얘가 싫다는데 자꾸 빌려달라고 해요"라고 말한다면 자신의 의사는 정확하게 표현했지만, 친구와의 관계에는 문제가 생길 수 있습니다. "미안하지만 내가 너무 아끼는 지우개라서 곤란해"라며 완곡하게 거절할 줄도 알아야 합니다.

만약 친구가 지나친 장난을 치거나 학교 폭력에 가까운 행동을 했을 때는 완곡한 표현이 아닌 단호한 의사 표현이 더 적절합니다.

"그렇게 때리면 안 돼. 다음부터는 말로 해줄래?"

"물어보지도 않고 내 색연필을 쓰는 건 기분이 나빠. 다음에는 먼저 물어보고 빌려 썼으면 좋겠어."

완곡하게 말해야 할 때와 단호하게 말해야 할 때가 상황에 따라 다름을 알고 연습할 수 있도록 합니다.

학교생활 상황별 말하기

아이가 다른 사람에게 지혜롭게 말할 수 있도록 부모님은 어떤 도움을 줘야 할까요? 가장 좋은 방법은 연습입니다. 연습할 때는 의도적인 학교 상황을 설정하고 엄마와 함께 역할 놀이를 해보면 좋습니다. 또 자신이 말하는 모습을 동영상으로 촬영해서 모니터링해본다면 말하기 스킬을 키울 수 있습니다.

학교에서 흔히 발생하는 상황들은 다음과 같습니다. 이 상황을 아이와 함께 역할 놀이하며 말하기 스킬을 익혀보도록 하세요.

① 수업 중 화장실이 가고 싶을 때

"선생님, 화장실 다녀와도 되나요?"

"선생님, 배가 아파서 화장실 다녀오겠습니다."

② 학습지를 다시 받아서 해야 할 때

"선생님, 그림을 잘못 그려서 새 학습지에 해야 할 것 같아요."

"선생님, 다시 하고 싶어서 그러는데, 학습지를 새로 주실 수 있나요?"

③ 급식을 더 받고 싶거나 덜 받고 싶을 때

"선생님, 밥 많이 주세요. 나물 반찬도 많이 주세요."

"선생님, 밥 조금만 주세요."

④ 갑자기 배가 아프거나 몸이 안 좋을 때

"선생님, 어지럽고 머리가 아파요. 보건실에 다녀와도 될까요?"

"선생님, 아침부터 배가 아팠어요."

⑤ 내가 보고 있는 책을 친구가 보여달라고 할 때

"친구야, 내가 다 보고 빌려줄까?"

"친구야, 같이 볼래?"

"친구야, 내가 먼저 다 읽고 보여줄게."

⑥ 해야 할 일이 있는데 친구가 같이 놀자고 할 때

"친구야, 내가 학습지를 다 못 해서 이거 다 하고 같이 놀자."

"친구야, 내가 점심시간에는 도서관에 가야 하는데 같이 갈래?"

⑦ 내가 아끼는 물건을 친구가 빌려달라고 할 때

"미안하지만 내가 너무 아끼는 지우개라서 곤란해."

"분홍색 색종이는 한 장밖에 없어서 다른 색 색종이를 가져갈래?"

⑧ 친구가 놀릴 때

"네가 나한테 돼지라고 놀리니까 기분이 나빠. 앞으로 그런 말은 하지 말아줘."

"그렇게 말하는 건 나빠. 예쁜 말로 말해줄래?"

⑨ 줄을 서는데 앞뒤 친구가 밀쳤을 때

"친구야, 밀면 다칠 수 있어. 다음에는 밀지 말고 말로 해줘."

"친구야, 자리가 좁아서 이렇게 밀면 다른 친구들과 부딪혀서 다칠 수 있어. 다음에는 조심해줘."

⑩ 실수로 친구 자리에 우유를 흘렸을 때

"친구야, 미안해. 내가 닦아줄게."

"친구야, 괜찮아? 내가 치워줄게."

감정 읽기도 연습이 필요하다

타인의 감정과 기분을 이해하는 것에도 연습이 필요합니다. 평소에 부모가 아이의 표정을 보면서 기분을 살피듯 아이도 부모의 감정과 기분을 알아차리는 연습을 통해 타인에 대한 공감 능력을 키울 수 있도록 도와주세요.

"엄마는 우리 아들이 꼭 안아주니 참 행복해."

"우리 딸이 말로 설명하지 않고 울며 떼쓰니 아빠 마음이 속상하고 아파."

이렇게 평소에 엄마 아빠의 감정을 말로 표현해주세요. 부모의 표정과 감정 언어를 통해 아이는 자연스럽게 공감 능력을 키워갈 수 있습니다.

학교는 그야말로 작은 사회입니다. 한 아이가 사회 구성원으로서 타인과의 관계를 유지하며 살아갈 수 있도록 사회의 규범, 질서, 언어, 사고방식, 문화 등을 익히는 것은 성장해가는 인간으로서 가져야 할 기본 중의 기본 능력입니다. 이때 자신의 감정과 타인의 감정을 효과적으로 조율하고 가장 바람직한 방법을 찾을 수도 있어야 합니다. 그러기 위해서는 자신의 감정과 기분을 건강하게 표현할 줄 알아야 합니다. 울거나 삐치며 떼쓰는 방법으로 자기감정과 기분을 표현하는 아이라면 지금부터라도 건강하게 감정을 표현하는 법을 가르쳐야 합니다.

친구 사귀는 것을 어려워한다면?

아이의 기질이 내성적이거나 소극적이라면 탐색 시간이 오래 걸리고 신중하게 결정하기 때문에 친구를 사귀는 데 많은 시간이 들기도 합니다. 이럴 때는 조바심 내지 말고 천천히 기다려주어야 합니다. 특히 아이가 혼자 놀더라도 전혀 외로워하는 기색이 없다면 크게 걱정할 필요가 없습니다.

반면 친구를 사귀고 싶은 마음은 굴뚝같으나 실천에 힘들어하면 세심히 관찰할 필요가 있습니다. 만약 지속적으로 교우 관계를 힘들어한다면 고민 말고 담임선생님께 터놓으세요. 어떤 부분에 조금 더 관심을 가지고 지도하면 좋을지를 선생님께 의논하시기 바랍니다. 의사 표현이나 감정 표현이 미숙한지, 아이의 어떤 점이 다른 아이들의 호감을 사지 못하는지 말이에요.

부모 마음은 한결같이 아이들의 좌절과 실패, 상처와 아픔을 덜어주고 싶습니다. 저도 그래요. 하지만 이 모든 실패의 경험들은 돈 주고도 살 수 없는 값진 경험들입니다. 우리 부모는 단지 아이가 모든 아픔을 딛고 일어설 수 있도록 그 곁을 지켜주는 버팀목이어야 합니다. 그런 의미에서 학교는 가정 다음으로 우리 아이들에게 가장 안전한 실패의 장소입니다.

이때 엄마의 감정 무게까지 아이에게 전하지 마세요. 말투, 표정 하나까지 아이는 고스란히 읽을 수 있어요. 아이가 학교생활의 이런저런 경험을 이야기하면 부모님은 빠른 평가와 해답을 내려주기보다 우선 아이의 마음을 들어주세요. 도움이 필요하다는 판단은 그다음에 해도 늦지 않습니다.

씩씩한 말 습관

"교과서의 아이들은 무엇을 하는 것처럼 보이나요? 발표해볼 사람?"

유진이가 일어나 발표를 합니다.

"노란 옷 입은 아이가…. 음….*&%^$#$하고…있어…요…."

"선생님, 유진이가 뭐라고 말하는지 하나도 못 들었어요."

"나도, 나도!"

"유진아, 발표 내용이 정말 좋거든. 멋진 내용을 저 끝에 앉아 있는 친구들도 들을 수 있게 목소리 볼륨을 높여서 다시 말해보자."

저학년 아이들은 발표할 때 유진이처럼 목소리가 대체로 작습니다. 게다가 마스크까지 쓰고 있다면 더더욱 알아듣기가 힘듭니다. 마스크를 쓰기 전 시절에는 입 모양을 보고서라도 무슨 말인지 알아듣기도, 아니 알아보기도 했는데 말이죠. 비록 발표 내용이 좋더라도 목소리가 작고 힘이 없어서 부정적인 피드백을 몇 차례 받게 된다면 아이가 발표 상황에 위축될 수도 있습니다.

선생님의 발문에 동문서답 같은 대답을 하더라도 자신감 있고 씩씩한 목소리로 발표할 수 있으면 좋습니다. 기질상 어떤 상황에서도 자신감 있고, 씩씩하게 말하는 아이도 있지만, 아이 대부분은 그렇지 않습니다. 씩씩한 말 습관도 연습과 훈련이 필요해요.

알맞은 목소리 크기로 말하기

저학년 수업은 전달 위주의 강의식 수업은 많지 않습니다. 대신 활동 위주의 수업이 주를 이루고 있어요. 그래서 선생님의 발문과 학생들의 답변이 마치 탁구공 주고받는 것 같습니다. 이때 손을 들고 지목을 받으면 자리에서 일어나 발표를 하기도 하고, 앉은 자리에서 편안하게 말하기도 합니다. 어떤 발문에는 특정 학생을 지목하지 않고 앉아 있는 학생들이 자유롭게 말하기도 하죠. 또 4명 정도씩 모둠을 만들어 친구들과 이야기를 나누기도 하고, 짝과 함께 자기 생각을 공유하기도 합니다.

각각의 상황마다 똑같이 크고 씩씩한 목소리로 말해야 할까요? 당연히 아닙니다. 상황에 따라 알맞은 목소리가 있습니다. 목소리의 볼륨을 알려주세요. 다음 1단계부터 4단계까지 목소리의 크기와 상황에 알맞은 단계를 알려주는 거예요.

◇목소리 볼륨 단계 알려주기

- **1단계** : 소곤소곤
- **2단계** : 대화할 때
- **3단계** : 멀리 떨어진 친구를 부를 때
- **4단계** : '야호'를 외칠 때, 비명을 지를 때

수업 중 짝과 함께 이야기를 나눠야 하거나 혼자 소리 내어 책을 읽을 때는 1단계, 모둠 친구들과 함께 이야기를 나눌 때는 2단계, 발표할 때는 너무 크게 목청을 높일 필요는 없지만, 모두가 알아들을 수 있도록 3단계, 야외에서 누군가를 불러야 할 때는 4단계, 이렇게 알려주면 됩니다.

집에서 발표 연습하기

발표도 연습이 필요합니다. 여러 번 하다 보면 조금은 편안하게 발표할 수 있게 되지요. 저는 아이들에게 발표 연습을 종종 과제로 내줍니다. 이때 관중 앞에서 발표하기가 조건입니다. 부모님이나 형제자매가 아니어도 괜찮습니다. 내가 좋아하는 인형이나 장난감들을 관중석에 두고 그 앞에서 연습해보도록 합니다. 이때 관중은

많으면 많을수록 좋습니다. 발표 연습을 하는 아이는 조금 더 편안한 마음으로 놀이처럼 인형들과 눈을 맞추며 발표 연습을 해볼 수 있습니다.

처음부터 "큰 목소리로 말해야지" "왜 그렇게 부끄러워하니?"라며 다그치지 마세요. 처음부터 잘하는 아이는 드뭅니다. 다수에게 자기 생각을 말하는 것은 굉장히 어려운 일입니다. 수줍음은 부정적인 감정이 아닙니다. 고차원적인 감정이지요. 누구나 발표가 떨리고 부끄러울 수 있다고 인정해주세요. 엄마도 그랬다고, 어쩌면 지금도 그렇다고 말해주세요. 공감은 아이의 마음을 토닥여줍니다.

장난이 폭력이 되는 순간

초등 저학년 아이들에게 주로 있는 갈등 상황은 신체 접촉이나 언어 사용 문제에서 발생합니다. 아이들은 건드리기만 해도 '때렸다'라며 민원 신고를 할 때도 많습니다. 친구를 밀거나 잡아당기지 않도록 가정에서 사전에 주의를 주는 것이 좋습니다. 또 아이들은 감정 표현에 서툽니다. 상대의 심기를 건드리는 말도 갈등의 씨앗이 됩니다.

호감을 괴롭힘으로 표현하거나 좋아하는 마음에 친구를 끌어안거나 만지는 아이도 있습니다. 과한 스킨십도 갈등의 원인이 될 수 있습니다. 스킨십으로 마음을 표현하는 것보다 말이나 글로 표현하는 것이 훨씬 더 받아들이기 좋다고 알려주세요.

지나친 장난이 갈등으로 번지는 일도 있습니다. 장난은 서로에 대한 좋은 감정이 기본 바탕을 이룹니다. 그러나 한쪽이 일방적으로 싫어하는 행동을 한다면 장난을 넘어서는 행동임을 분명하게 인지시켜주세요.

친구를 괴롭히는 VIP 대처법

가끔 모든 갈등의 불씨가 되는 아이가 있습니다. 그런 아이가 학급에 있으면 담임선생님은 물론이고 학급의 아이들도 다양한 곤란을 겪게 되지요. 그 친구가 우리 아이만 타깃으로 괴롭힘을 이어가는 것이 아니라 반 전체 친구들, 즉 불특정 다수를 괴롭힌다면 아이에게 다음과 같은 대처법을 알려주세요.

◇무반응으로 대응하기

갈등을 최소화하는 방법입니다. 친구를 괴롭히는 아이는 대체로 상대의 반응에 따라 괴롭힘의 정도를 조절합니다. 즉 상대방이 반응이 없으면 괴롭힘도 시들해지는 거예요. 가벼운 놀림에는 무반응으로 대응하도록 알려주세요. 몇 번 하다 보면 가벼운 놀림마다 화를 내거나 울며 대응하지 않아도 자연스럽게 해결됨을 느낄 수 있을 거예요.

◇나쁜 행동 확인시키기

괴롭힘의 정도가 선을 넘어간다면 그 행동을 경고해야 합니다. "너 방금 나에게 바보라고 말했니?"라고 그 아이의 나쁜 행동을 말로 짚어주는 거예요. 이때 오히려 놀린 아이가 멈칫하게 됩니다.

◇담백하고 분명한 어조로 말하기

자신의 감정을 담백하게 표현하는 법을 가정에서 연습하도록 도와주세요. 화가 나는 감정도 소중합니다. 나쁜 감정은 숨기고 억눌러야 하는 것으로 인식하지 않도록 말이죠.

◇울지 않고 말하기

많은 아이들이 화를 내며 말하거나 울면서 말합니다. 화를 내거나 울면서 말하게 되면 말하고자 하는 내용이 과도한 감정에 가려져 전달되기 어렵습니다. 상대는 '화를 냈다' '울었다'라는 사실만 전달받게 되는 거지요. 감정을 가라앉히고 말하는 연습이 필요합니다. 물론 처음은 어려워요. 훈련이 되어야 자연스럽게 말할 수 있으니까요.

◇너그럽게 용서하기

사람은 누구나 완벽하지 않기에 의도치 않게 실수할 수 있습니다. "남을 용서해줄 때 우리 마음의 크기가 한 뼘 자란단다"라고 말해주세요. 물론 자기 자신도 마찬가지고요. 용서하는 마음은 사랑의 마음입니다. 용서할 줄 알아야 자신도 용서받을 수 있고, 사랑할 수 있습니다.

학교 폭력 지혜롭게 대처하기

다양한 아이들이 한 교실에서 지내다 보면 크고 작은 갈등이 생기기 마련입니다. 가벼운 장난이 때에 따라 '학교 폭력'으로 명명되어 피해자와 가해자 모두에게 상처를 주기도 합니다. 학교에는 학생들 사이에 심각한 분쟁이 생겼을 때 조정하는 기구로 '학교폭력대책자치위원회(학폭위)'라는 조직이 있습니다. 사실 1학년은 학폭위를 열어야 할 만큼의 심각한 학교 폭력 사안이 자주 발생하지는 않지만, 장난이 폭력의 경계를 넘나들지 않도록 1학년 때부터 조심해야 합니다.

학교 폭력과 같은 일은 발생하지 않는 것이 가장 좋겠지만 만약 이런 사안이 발생한다면 최대한 차분하고 객관적인 자세가 문제 해결에 도움을 줍니다. 먼저 내 아이 말을 충분히 들어보세요. 다음은 상대의 이야기도 충분히 들어야 합니다. 지켜본 아이가 있다면 그 아이의 이야기도 들어보세요.

아이 대부분은 갈등이 생겼을 때 자기방어적인 모습을 보입니다. 가정에서 부모님께 사건에 대해 전달할 때도 자신이 잘못한 것보다 상대가 잘못한 점을 훨씬 더 구체적으로 말하기도 합니다. 거짓말을 하거나 과장을 하더라도 충분히 이해해주세요.

갈등 상황을 전해 듣는 부모의 심정은 내려앉습니다. 어쩌면 화가 치밀어오를 수도 있겠지요. 그렇다고 화난 채로 담임선생님에게 항의한다고 일이 해결되는 것은 아닙니다. 어렵겠지만 침착하고 객관적인 자세로 담임선생님과 의논해야 합니다.

아이들 싸움, 어디까지 개입해야 할까?

초등 저학년은 교우 관계를 맺는 수준이 복잡하지 않습니다. 같은 반이라서, 자리가 가까워서, 이웃에 살아서, 같은 학원에 다녀서 등 물리적인 거리와 함께하는 시간에 영향을 크게 받지요. 질투, 시기, 따돌림과 같은 복잡한 갈등 상황은 고학년 가까이가 되면 조금씩 나타납니다. 그렇다고 해서 저학년 아이들 사이의 관계에 전혀 문제가 발생하지 않는 건 아닙니다. 이때 부모는 어디까지 개입하는 게 좋을까요? 지혜롭게 해결하는 방법은 무엇일까요?

◇장난과 폭력을 구분해주세요

장난과 폭력을 구분하는 게 우선입니다. 장난과 폭력을 구분하기 위해서는 부모의 감정을 가라앉히고 아이의 마음을 살펴봐야 합니다. 부모는 '어떻게 이런 일이 있을 수 있어?'라는 생각이 들 수도 있고, '이 정도는 별일 아니야'라고 가볍게 생각할 수도 있지만, 이때는 부모의 감정이나 기준으로 판단하면 안 됩니다. 기준은 아이의 감정과 마음입니다. 아이가 장난으로 받아들인다면 우선 한 걸음 물러서서 지켜보면 됩니다.

◇감정을 절제하고 할 말을 하는 연습을 시켜주세요

장난 수준을 넘어선 폭력이라고 판단이 되었을 때는 어떻게 해야 할까요? 이때는 아이가 자신의 감정을 표현하는 연습이 우선입니다. 자녀가 어린이집, 유치원 정도 다니는 유아라면 친구와의 갈등에서 중재의 역할을 해줄 부모가 필요할 때가 있지만, 초등학생의 경우에는 말하는 연습을 통해 충분히 자기 생각을 전달해봐야 합니다.

"네가 혼자서 보드게임을 차지하면 다른 친구들이 사용할 수가 없어. 우리 함께 보드게임하면 어때?"

똑 부러지게 말하되, 감정은 최대한 절제하고 말하도록 연습을 시켜주세요. 이때 울면서 말하거나 화내면서 말하면 내 의견이 감정에 감춰질 수 있다는 점을 꼭 인지시켜주고요.

◇아이가 직접 선생님께 말하도록 하세요

만약 괴롭히는 친구에게 직접 말해도 해결되지 않으면 그때는 꼭 담임선생님께 말씀드려야 합니다. 그런데 이 과정을 부모님이 대신하는 경우가 있습니다. 굳이 부모님이 중간에서 아이의 말을 전달하지 말고 아이가 직접 담임선생님께 말씀드리도록 하세요.

◇부모님이 직접 선생님께 상담을 요청하세요

만약에 아이가 담임선생님께 말씀을 드렸음에도 불구하고 괴롭힘이 멈추지 않는다면 이때는 부모님이 담임선생님께 직접 상담을 요청하세요. 상담에서는 자녀의 억울함과 힘든 점만 일방적으로 전달하는 것은 곤란합니다. 대화는 언제나 쌍방향임을 기억해야 합니다. 선생님이 객관적으로 관찰했을 때 해당 친구와의 관계가 어떤지, 어떻게 해결하면 좋을지, 가정에서 특별히 신경 써야 할 부분은 없는지와 같은 점을 물어보며 자연스럽게 대화를 주고받으세요. 그리고 아이가 이런 부분에 대해 힘들어하니 지도 부탁드린다는 것도 꼭 말씀드리고요.

형제자매간의 다툼, 친구와의 갈등은 아이의 사회성 발달 과정 중에 흔히 일어나는 일입니다. 아이는 다툼을 통해서 서로의 입장을 이해하는 법, 분쟁이나 대립을 조율하는 법, 때로는 양보하고, 때로는 자신의 의견을 주장하는 법 등을 배웁니다. 이 과정에서 상대방에게 상처를 주는 행동이나 독단적인 말을 했다는 사실을 깨닫고 반성하면서 조금 더 성숙해지는 거예요.

이때 부모가 해결사가 되어서는 안 됩니다. 아이의 감정은 계속 진행형인데 부모님이 나서서 억지로 화해시키거나 사과시키는 행동, 싸움에 직접 개입하는 행동도 최대한 자제해야 합니다.

아이들에게 뭐든 다 해주고 싶고, 모든 위험과 역경으로부터 보호해주고 싶은 것이 부모의 무조건적인 사랑이긴 합니다. 하지만 스스로 숟가락을 들지 않아도 배를 채울 수 있는 마법 같은 부모의 도움이 언제까지 긍정의 결과를 낳을 수 있을지 반문해봐야 합니다. 부모가 선을 넘어 개입하는 것은 애써 찾아온 실패의 경험을 빼앗아가는 것이죠. 아이도 스스로 이겨낼 수 있어요. 눈 딱 감고 스스로 해결할 기회를 주는 것도 좋습니다. 물론 사건의 크기와 정도에 따라 개입 여부는 판단해야겠지요. 무엇보다 중요한 것은 부모는 아이가 힘든 상황을 스스로 헤쳐갈 수 있도록 지혜와 용기를 주는 든든한 지지자가 되어야 한다는 것입니다. 교육활동 중에 발생한 학교 안전사고에 대해 보상하는 제도입니다.

◇학교 안전사고 보상 제도

학교에서 발생한 모든 사고에 대해 지원받는 것이 아니라 공제 급

사고 통지	치료 후 청구	심사 및 지급
학교 (학교장 결재)	학교 / 학부모	공제회
–학교안전사고 보상지원 시스템 사고통지서 입력 (www.schoolsafe.or.kr) –사고 후 일주일 이내	–공제급여청구서 –청구인 통장 사본 –진료비계산서 영수증 –진료비 세부내역서 –진단서, 주민등록등본 –사고 후 3년 이내	–학부모에게 송금 및 학교에 결정 내역 공문 통지 –접수 후 14일 이내 (14일 연장 가능)

여 대상 사고인 경우에만 지원을 받을 수 있습니다. 안전사고가 발생하면 안 되겠지만, 만약 수업 중 아이가 다쳤다면 치료비를 보상받을 수 있습니다.

학교 적응을 돕는 엄마의 말하기

"선생님은 호랑이 말고 토끼 같아요."

"으응? 선생님이 토끼처럼 생겼어?"

"그렇게 생겼다는 게 아니라요. 우리 엄마가 학교 선생님은 호랑이처럼 무섭다고 했는데, 선생님은 토끼 같다고요."

입학을 한 지 얼마 되지 않아 한 아이가 저에게 토끼 같다고 말했습니다. 피식 웃음이 나는 대화 속에서 초등학교에는 호랑이 선생님이 산다는 협박이 필요할지 곰곰이 생각해보았습니다. 아마도 아이가 학교생활을 조금 더 잘했으면 하는 마음에서 이런 재미있는 협박을 했을 거예요. 문득 《호랑이와 곶감》 이야기가 떠올랐습니다. 늦은 밤, 울음을 그치지 않는 아이에게 호랑이가 잡아간다는 으름장보다 달콤한 공감 하나가 명약이었던 장면 말이에요. 초등 1학년 아이들도 마찬가지입니다. 호랑이보다 공감 하나가 학교 적응을 돕는다는 사실을 꼭 기억해주세요.

절대 해서는 안 되는 말

◇"너 이렇게 행동하면 학교에서 혼나.
초등학교 선생님은 호랑이 선생님이야.
얼마나 엄격하고 무서우신데."

초등학교에는 호랑이가 살지 않습니다. 이런 경고성 발언은 학교 생활에 대한 불안감만 높일 뿐 행동 변화를 긍정적으로 유도하기 어렵습니다. 대신 이렇게 말해주세요.

"조금 부족해도 선생님이 친절하게 알려주실 거야."

학교는 무섭지도, 어렵지도 않습니다. 아이가 학교를 좀 더 편안하게 대할 수 있는 따뜻한 말 한마디가 더 필요합니다. 그리고 기대에 찬 이야기를 많이 들려주세요. 아이가 학교 가기를 기대하고 즐거워한다면 반은 성공한 셈입니다.

◇"엄마가 대신해줄게."

엄마가 모든 일을 대신해줄 수는 없습니다. 힘든 일이나 어려움을 겪고 있을 때 엄마가 대신 해주겠다고 하는 것은 좋은 해결 방법이 아닙니다. 아이가 친구랑 다툼이 있어 힘들어할 때 그 아이나 그 아이 엄마, 혹은 선생님께 "대신 말해줄게"도 마찬가지지요. 문제해결의 주체는 당사자인 아이여야 합니다. 그렇다면 어떻게 문제를 해결하는 것이 좋을까요?

먼저 아이에게 해결 방법을 찾아보도록 생각할 기회를 주는 것입니다.

"또 이런 일이 생기면 어떻게 하는 것이 좋을까?"

이런 질문을 통해 아이가 미래 행동을 미리 설정해보는 것입니다. 미래 행동을 아이 입으로 미리 다짐하는 과정은 자율성을 키우기 위한 중요한 단계입니다. 힘들고 귀찮은 일이 생길 때마다 엄마를 찾는 아이가 아닌, 스스로 해결하는 아이로 기르려면 지금부터 공들여 노력해야 합니다.

◇"초등학생이 되면 공부가 얼마나 어려워지는지 알아?"

입학을 앞둔 아이에게 지나치게 부담스러운 말입니다. '학교에 가면 공부만 해야 하는구나'라고 생각하게 됩니다. 초등 1, 2학년 때까지는 학교에서 하는 공부가 전혀 어렵지 않습니다. 초등 1학년은 성적을 매기기보다 학교생활을 즐겁게 시작하고 잘 적응하도록 도와줘야 합니다. 벌써부터 학업 스트레스를 주지 마세요.

◇"다른 애들은 얼마나 잘하는지 알아?"

학교는 경쟁의 공간이 아닙니다. 함께 어울려 배움을 완성하는 곳이에요. 아이에게 남보다 더 잘해야 한다는, 적어도 남만큼은 해야 한다는 비교와 경쟁의 공간으로 인식시키면 안 됩니다. 우리 애보다 남달리 잘하는 아이도 없습니다. 학습의 목표는 언제나 그렇듯, 남과의 비교가 아닌 어제의 나와 비교해 성장하는 것이어야 합니다. 어제보다 눈곱만큼이라도 성장했다면 축하하고 격려해주세요.

입학하는 아이에게 이제 진짜 형아, 언니가 되었음을 축하해주세요. 1학년 아이들은 초등학생이 되었음에 대단한 자부심을 가지고 있습니다. 학교에서는 가장 어린 동생들이지만 아이들에게는 학교의 막내임을 강조하기보다 초등학생이라는 사실을 더욱 강조합니다. 단, 초등학생에 지나친 책임감을 부여하기보다는 멋지게 성장하고 있다는 의미에서 말이죠.

학교에서 속상한 일을 겪었다면?

"선생님은 나만 예뻐하지 않는 것 같아요"라고 제 아이가 풀죽은 목소리로 말한 적이 있습니다.

순간 가슴이 철렁 내려앉았어요. 아이가 이렇게 표현할 정도면 마음이 상한 일이 분명 있었겠지요. 이때 엄마의 미세한 표정과 말 한마디도 신중해야 합니다. 마음이 상한 아이 앞에서 별것 아닌 일인 양 가벼운 표정과 말로 넘겨도 안 되지만 아이보다 더 심각하고 슬픈 표정으로 상황을 과중시켜서도 안 됩니다.

"예설이가 학교에서 속상한 일이 있었나 보다. 오늘 어떤 일이 있었어?"

"오늘 종이접기 시간에 나는 어떻게 접는지 잘 몰라서 머뭇거리는 사이에 다음 단계로 넘어가서 하나도 못 접었어요. 그래서 선생님께 못 하겠다고 도와달라고 했는데 선생님이 한숨 쉬며 다른 친구에게 부탁하라고 했어요."

마치 직접 본 듯 상황이 눈앞에서 그려졌습니다. 아이들과 종이접기를 할 때면 교사에게는 대단한 인내심이 요구됩니다.

아이가 선생님이 자기만 미워한다고 말한다면 판단은 상황을 파악한 뒤에 해야 합니다.

◇아이의 마음을 인정해주세요

학교에서 아이들과 함께하는 시간 동안은 가끔 이곳이 '민원실'은 아닌가라는 생각에 헛웃음이 날 때가 있습니다. 특히 쉬는 시간, 점심시간이면 각종 민원으로 긴 줄이 이어지기도 합니다. 저학년일수록 민원이 잦지요. 대부분은 아이들끼리 놀다가 아주 사소한 일로 다툼이 생겼거나 친구의 작은 잘못을 신고하는 경우입니다. 친한 선생님은 아이들의 민원을 무조건 내치기도, 그렇다고 모든 걸 다 들어주며 해결해주기도 어려워 민원장부라도 만들어야 할 지경이라고 고민을 토로하기도 했습니다.

사실 대부분의 갈등은 속상한 마음, 놀란 마음을 그저 들어주고 알아주는 것으로 해결됩니다.

"우리 딸이 종이접기가 어려워서 수업 속도를 따라가기 힘들었겠네" "속상했겠구나" "놀랐겠구나" "화났겠구나" "슬펐겠구나" "~그랬구나" 이렇게 마음을 알아주면 눈 녹듯 풀리는 게 아이들의 마음입니다. 마음이 진정되고 나면 차분하게 해결 방법을 찾을 수 있습니다.

◇객관적인 상황을 파악해주세요

아이의 마음을 인정했다면 그다음은 도움이 필요한 상황인지를 파악해야 합니다.

"선생님은 종이접기 다음 단계를 설명하고 시범 보이는 중간에 못 하겠다는 친구들을 일일이 다 봐주기 어려우셨을 거야. 선생님은 딱 한 명이니까."

자신이 선생님께 예쁨받지 못한다고 느끼는 것에 집중하기보다는 어떤 일이 원인이 되었는지를 알아야 하죠. 아이와 함께 선생님만 원망하고 있다면 문제를 해결하기 어렵습니다. 도움이 필요한 부분은 없는지 조금 더 객관적으로 상황을 파악해야 합니다.

◇적극적으로 도와주세요

아이가 어려움을 겪는 상황을 객관적으로 파악했다면 이번에는 도움을 줄 차례입니다. 종이접기를 잘하고 싶지만 잘하지 못하는 아이의 현실을 객관적으로 봐야 합니다. 그리고 부모의 도움이 필요하다면 적극적으로 도와야 합니다.

“종이접기가 재미있기도 하지만 어려운 점도 있지? 엄마도 어렸을 때 그랬어. 지금도 엄청 잘하는 편은 아니지만 어렸을 때보다는 잘해. 우리 종이접기 책 한 권 사서 같이 해볼까? 아니면 요즘에는 유튜브 영상으로도 배울 수 있더라. 예쁜 색종이부터 살까?”

도움이 필요한 상황이라면 적극적으로 도움을 준 뒤 차분하게 기다려주세요.

친구와 어울리지 않고 혼자 논다면?

기질적으로 친구들과 어울리는 것에 시간이 필요한 아이가 있습니다. 혼자 노는 것이 편하다는 아이도 있고요. 금방 친구를 사귀고, 친구들과 활발하게 노는 아이들과 비교해서 내 아이는 혼자 떨어져 논다면, 부모의 마음은 그리 불편할 수가 없습니다.

하지만 활발하게 누구와도 잘 어울리는 아이는 옳고, 혼자 노는 아이는 틀렸다고 생각하면 곤란합니다. 아이에 따라 탐색과 관찰의 시간이 필요하기도 합니다. 한참을 지켜보다가 자신과 정말 잘 맞는 한두 명의 친구와 사귀기도 합니다.

친구들의 놀이에 어떻게 끼어야 할지 몰라서 힘들어하는 아이도 있습니다. 이 경우에는 약간의 연습이 필요합니다. “친구야, 나도 같이 놀자”라고 말하는 용기가 생기려면 직접 소리 내어 연습해봐야 합니다. 용기 내어 한 말에 친구가 흔쾌히 “응, 그래”라고 대답해 같이 논 경험은 긍정적인 성공 경험으로 각인됩니다.

드물기는 하지만 친해지고 싶은 친구에게 거절당한 경험이 있다면 친구들과 다시 어울리기에는 더 큰 용기가 필요할 수도 있습니다. 이 경우에는 우선 아이의 속상한 마음에 공감해주는 것이 우선입니다.

"우리 딸이 속상했겠다. 엄마도 어렸을 때 그랬던 적이 있었어."

아이의 감정에 충분히 공감해줬다면 그다음은 사고의 전환이 필요합니다.

"네가 싫어서 같이 놀 수 없다고 말한 게 아니란다. 짝이 맞지 않아서 함께 놀기 곤란했던 거야."

아이가 거절의 이유를 자신에게서 찾기보다 외부 상황에서 찾을 수 있도록 해주세요. 부정적인 자아 인식에서 벗어나 자신을 존귀하고 가치 있는 존재로 인식할 수 있도록 말이에요.

학교생활을 알아보는 엄마의 질문법

좋은 질문은 좋은 생각을 불러일으킵니다. 질문이 긍정적이고 구체적이면 돌아오는 답변도 긍정적이고 구체적일 수 있습니다.

◇피해야 하는 질문 ① "오늘 재미있었어?"

우리는 학교에서 돌아온 아이에게 이렇게 질문합니다. 하지만 오늘 재미있었냐는 질문은 너무 추상적입니다. 오늘 재미있었냐는 질문 대신 "오늘 미술 시간에 뭐 만들었어?" "오늘 제일 기억에 남는 수업은 뭐야?" "오늘 친구들 발표 중에 가장 재미있는 발표는 뭐였어?"와 같이 조금 더 긍정적이고 구체적인 질문을 해주세요. 아이가 미처 발견하지 못한 작은 즐거움을 질문을 통해 찾을 수 있을 거예요.

◇피해야 하는 질문 ② "누구랑 놀았어?"

"누구랑 놀았어?"는 부모님들이 아이에게 흔히 묻는 말입니다. 그런데 이때 아이로부터 돌아오는 대답이 "혼자 그림 그렸어" "혼자 종이접기하고 놀았어"라면 아이가 오늘 하루 외톨이로 지낸 건 아닌가 싶어 불안한 마음이 들기도 합니다. 다행히 아이 대답이 "지연이랑 놀았어"라면 한숨 돌리겠지만 계속 혼자 지낸다면 친구들 사이에서 치일 것만 같고, 만만한 호구로 찍힐 것 같아서 걱정이 깊어질 수도 있습니다.

하지만 갓 입학한 아이에게 "누구랑 놀았어?"라는 질문은 최대한 피하는 것이 바람직합니다. 누구랑 놀았냐는 물음은 의도적으로 강조하지는 않았지만, 대상이 중요하다고 아이들이 인지할 수 있는 질문이기 때문입니다. "지연이랑 놀았어"라며 밝은 목소리로 대답하는 아이의 마음속에는 친구랑 어울려 논 것이 옳은 행동으로 각인되기 쉽습니다. 반대로 "혼자 놀았어"라고 대답을 해야 한다면 관계 맺기에 실패했다는 느낌을 대답과 동시에 받게 되지요.

학기 초는 아이들이 관계 맺기에 굉장히 예민한 시기입니다. 이 시기에 잘못된 질문법으로 '혼자'라는 단어에 죄의식을 느끼게 할 이유가 없습니다.

◇'누구'보다 '무엇'에 초점을 두고 질문해주세요

학기 초에는 가급적이면 '누구Who'보다 '무엇What'에 중점을 두고 물어보면 좋습니다. '누구'보다 '무엇'에 초점을 두고 나누는 대화는 비슷한 질문 같아도 강조하는 부분이 다릅니다. 대상보다 활동에 관심을 두게 되면 나와 잘 맞는 친구를 찾기도 수월합니다. "뭐 하고 놀았어?" 하고 '무엇'에 초점을 두고 질문하면 누군가랑 꼭 놀아야 한다는 강박에서 벗어날 수 있습니다. 또 저학년 아이들의 경우에는 '누구'는 중요하지 않을 때가 많습니다. 딱지치기할 때는 이 무리에서 놀다가, 술래잡기할 때는 저 무리에서 자연스럽게 노는 게 일반적인 교실 아이들의 모습입니다. 아이들은 놀이했을 뿐 누구랑 했는지는 중요하지 않을 때가 많지요.

교우 관계, 물론 중요합니다. 학교라는 작은 사회 속에서 함께하는 친구가 있다는 것은 심리적으로 든든합니다. 특히 또래 집단 속에서 소속감과 안정감을 느끼는 아이라면 더욱 교우 관계가 중요하게 여겨집니다. 하지만 혼자 있어도 아무렇지 않거나, 도리어 혼자 독립적으로 생활할 때 안정감을 느끼는 아이도 있습니다. 그런 아이들에게 지나치게 관계에 우선순위를 두도록 할 필요는 없어요.

◇믿고 격려하며 지켜봐주세요

1학년을 비롯하여 모든 아이들에게 학기 초는 탐색 기간입니다. 아이들은 이 과정을 겪으며 긴장하기도, 불안하기도 하지요. 이때 부모님도 함께 불안해하지 않아야 합니다. 학기 초부터 우리 아이에게 당장 친한 친구가 없는 것 같다고 미리 걱정하지 마세요. 지금 아이에게 필요한 건 새로운 환경에서도 잘할 수 있을 거라는 신뢰와 믿음입니다. 신뢰와 믿음은 가시적으로 표현해야 합니다.

"지내다 보면 잘 맞는 친구가 생길 거라 믿어" "언제나 그랬듯 잘할 거야"라고 격려하며 학기 초에는 한걸음 물러서서 지켜봐주는 것만으로도 충분합니다. 아이가 지나치게 외로움을 타거나 교우 관계에 힘들어하나요? 부모님의 마음속에 자녀에 대한 믿음보다 불안감이 더 크게 자리를 잡고 있나요? 그렇다면 학교생활에 대한 객관적인 이야기를 담임선생님께 들어보는 게 좋습니다.

부모님들은 아이가 학교에서 혼자 노는 건 아닌지, 친한 친구가 없어 외톨이로 지내는 건 아닌지에 대해 걱정을 많이 하지만 실제 교실에서는 친구들에게 지나치게 휘둘리는 아이들이나, 친구 관계에 지나치게 집착하는 아이들이 훨씬 위험합니다. 오히려 우리 아이가 이런 유형이라면 더욱 관심을 가지고 지켜봐야 합니다.

학기 초에 우리 아이의 교우 관계가 궁금하겠지만 가급적이면 '무엇'에 초점을 맞춰서 학교생활을 물어보는 것이 아이들이 갖는 관계 맺기에 대한 강박을 조금이나마 덜어줄 수 있는 방법이라는 사실을 꼭 기억하시기 바랍니다.

공허한 칭찬보다 객관적인 피드백 주기

"선생님, 제 아이는 피아노 치는 걸 즐겨하는데, 다 치고 나면 무조건 칭찬받기를 원해요. '엄마, 나 너무 잘 치는 것 같지 않아? 내가 제일 잘 치지?' 이렇게 물으면서 칭찬을 바라지만 사실 제 아이가 피아노를 잘 치는 건 아니거든요. 잘하지 못하는 아이에게 잘한다고 칭찬해주는 것도 아닌 것 같고, 그렇다고 칭찬을 안 해주기도 그렇고, 이럴 때는 어떻게 하면 좋을까요?"

학부모 강연에서 받은 초등 1학년 학부모님의 질문이었습니다. 아이가 원하는 건 무엇이었나요? 바로 칭찬과 인정입니다. 반면 엄마가 원하는 건 부족한 부분을 알려주는 것, 즉 조언이었습니다. 더 직접적으로 표현하면 지적이 될 수도 있고요. 아이가 원하는 칭찬과 인정, 엄마가 전하고 싶은 조언을 모두 만족하려면 어떻게 말해야 할까요?

"잘했구나" "역시 천재야" "네가 일등이야"와 같은 칭찬이 위험하다는 말은 많이 들어보셨을 거예요. 결과보다 과정을 칭찬해야 한다, 구체적으로 칭찬해야 한다 등 칭찬에 대한 솔루션은 많지만, 일상 속에서 적용하기란 참 쉽지 않습니다. 그럴 때는 칭찬이 아닌 객관적인 피드백을 주세요. 잘 치지도 않는 아이에게 입에 침을 바르고 "우리 딸(아들), 잘한다"라는 칭찬을 할 수도 있지만 "역시 연습을 많이 하더니, 어제보다 더 실력이 좋아졌는걸!" "어제 친 곡도 좋았지만, 오늘 들려준 곡도 참 듣기 좋아"라고 객관적인 사실을 짚어주는 것도 좋은 칭찬입니다.

충분히 긍정적이고 객관적인 피드백을 전달했다면 약간의 조언을 곁들여도 됩니다. 이때 엄마가 전하고 싶은 조언이 지적이나 잔소리로 전달되지 않으려면 어떻게 말해야 할까요? "이 부분을 2번 정도 더 연습하면 훨씬 매끄럽게 칠 수 있을 것 같은데?"와 같이 구체적인 방법을 곁들여 이야기해주는 것이 좋습니다. 피아노를 잘 친다는 기준을 피아니스트 조성진이나 임윤찬에게 두지 않고 말이에요.

주의 집중력 기르기

"선생님, 내일모레면 초등학교 입학인데, 제 아이는 책상 앞에 잠시도 가만히 못 앉아 있는 것 같아서 걱정이에요."

한 어머니가 근심을 가득 담은 눈으로 저에게 고민을 털어놓았습니다. 초등학교에 가면 40분 수업 시간 동안 바른 자세로 집중해서 수업받도록 입학 전부터 연습해야 한다는 조언, 들어본 적 있으신가요? 그래서 가정에서 아이를 40분 동안 책상에 앉혀서 공부를 시켜본 적 있으신가요? 아마도 40분을 견디지 못하고 갑자기 목이 마르다며, 화장실에 가고 싶다며 자리를 뜨는 아이를 만나게 될 거예요.

수업 시간에 허리를 펴고 선생님 말씀을 귀 기울여 듣는 아이들, 참으로 순수하고 예쁩니다. 선생님도 사람인지라 수업 태도가 좋은 아이에게 절로 눈이 갑니다. 하지만 1학년 아이들에게는 40분이 가혹한 시간처럼 느껴지기도 합니다. 중학생들의 평균 집중 시간도 7~8분이 채 되지 않습니다. 유난히 산만한 아이가 아니라면 가정에서 40분 동안 한자리에 못 앉아 있는 것 같아도 걱정하지 마세요. 다 적응합니다.

40분간 앉아 있는 연습이 필요할까?

초등학교 수업 시간은 40분입니다. 갓 입학한 아이들에게는 생각보다 긴 시간이지요. 그렇다고 해서 시간을 재어가며 한자리에 앉아 있는 연습을 미리 해야 할까요? 만약 아이가 한자리에 앉아 집중력 있게 한두 권의 책을 거뜬히 읽을 수 있다면 굳이 40분간 앉아 있는 연습은 할 필요가 없습니다. 가정에서 혼자 앉아 있는 40분과 학교에서 선생님, 친구들과 함께하는 40분은 질이 다른 시간입니다.

아이에게 특별히 큰 문제가 있지 않은 한 대부분의 아이들은 1학기를 보내는 동안 규칙을 익혀 학급 분위기에 잘 따라가니 미리 걱정하지 않아도 됩니다. 만약 단순히 적응 문제가 아닌 문제성 행동으로 판단이 된다면 담임선생님과 면밀한 상담을 할 필요가 있습니다. 이 경우에는 가정에서도 함께 개선할 수 있도록 노력해야 합니다.

산만한 아이 집중력 기르는 법

만약 아이가 지나치게 산만하여 수업 시간에 집중하지 못할까 봐 걱정이라면 다음과 같이 주의 집중력을 높이도록 노력을 기울여보세요.

◇첫째, 아이가 생활하는 환경이 정돈되어야 합니다

아이의 주의 집중력을 흩트릴 만한 방해물은 제거하는 게 우선입니다. 방해물을 과감하게 버려야 한다는 말이 아닙니다. 주의 집중력에 방해가 될 만한 물건을 눈에 보이는 곳, 손에 잡히는 곳에 흩트려놓는 게 아니라 지정된 서랍이나 박스에 보관해두었다가 놀이 시간에 꺼내어 쓸 수 있도록 하는 것이죠.

◇둘째, 소음을 차단하세요

평소에 의미 없이 TV를 틀어놓는 가정이 많습니다. TV를 시청하는 시간이 아니라면 TV는 꺼두세요.

◇셋째, 집중력을 발휘해야 하는 놀이를 합니다

예를 들어 젠가처럼 집중해서 신중하게 행동하지 않으면 와르르 무너지는 놀이도 좋습니다.

◇넷째, 한 번에 한 가지씩 지시하도록 합니다

"아들아, 손 씻고 나서 냉장고에 있는 과일 꺼내 먹어. 학습지는 2장 풀고, 숙제는 없는지 확인해봐"라고 한꺼번에 여러 가지를 지시하기보다 "손 씻자" "과일 꺼내 먹을래?" "학습지 몇 장 풀어야 하더라?"라고 지시해서 아이가 한 가지를 해결하고 나면 "숙제는 없는지 확인해보자"라고 그다음 지시를 하는 것이 좋습니다.

◇다섯째, 되묻기로 상기시킵니다

"그다음에는 뭐 하기로 했더라?"라고 되물으며 다음에 해야 할 일을 상기시켜줍니다.

귀 기울여 듣는 힘 기르기

1학년 선생님은 다른 학년 선생님에 비해 두 배 이상 말을 많이 해야 합니다. 하지만 같은 말을 수차례 반복해도 여전히 못 듣는 아이들이 있어요. 선생님들은 아이들이 조금 더 귀 기울여 들을 수 있도록 온갖 방법을 동원합니다. 들어야 수업이 진행되니까요. 아이들이 이상해서가 아닙니다. 아직 성장 중이기 때문입니다.

듣기는 주의 집중력이 뛰어나야 가능합니다. 그리고 주의 집중력이 있어야 수업 태도도 좋아집니다. 그렇기에 발표력보다 먼저 길러줘야 하는 것이 듣기 능력, 즉 경청하는 것입니다. 학교생활뿐만 아니라 모든 의사소통의 기본은 듣기에서 시작합니다.

경청하는 아이로 자라기를 바란다면 부모님이 먼저 아이의 말을 잘 들어주세요. 경청은 부모님을 통해 배웁니다. 자신의 이야기를 경청하는 부모님의 모습을 보며 조금 더 풍부한 표현력도 길러지는 거고요. 어른의 눈높이로 들으면 사사로운 이야기지만 아이의 눈높이로 들으면 "정말?" "그랬구나" "와~"와 같은 맞장구가 절로 나옵니다.

◇주의 집중력을 길러주는 말놀이

주의 집중해서 들어야 하는 간단한 말놀이를 해보는 것도 좋습니다. 친구나 가족이 여러 명이 모이면 말 전달하기 게임을 해보세요. 구성원이 한 줄을 지어 첫 사람이 속삭이는 단어나 문장을 다음 사람에게 그대로 전달하는 거지요. 아이들은 조사를 틀리게 전달하기도 합니다. 집중해서 듣고 다음 사람에게 전달하는 말 전달하기 놀이로 재미있게 주의 집중력을 길러보세요.

가라사대 게임도 아이들이 좋아하는 주의 집중력 놀이입니다. '가라사대'를 붙인 지시어에만 행동해야 하는 놀이지요. "가라사대 왼손 들어"라고 지시하면 왼손을 들고, 반대로 '가라사대'를 붙이지 않고 "왼손 내려"라고 말했을 때 왼손을 내리면 지는 거예요. 틀리지 않고 끝까지 살아남으려면 집중해서 들어야겠지요.

시각적 자극 줄이기

클릭 몇 차례만 하면 아이의 취향에 맞는 영상을 AI가 소개해주는 참으로 친절한 세상에 살고 있습니다. AI가 친절한 만큼 우리 아이들은 영상에 길들여지고 있는 것도 현실입니다. 시대 흐름에 따라 어쩔 수 없이 영상 문화에 익숙한 아이들이 많아지는 만큼 '듣기'를 못하는 아이들도 늘어나는 것 같습니다. 자극적인 시각 자료는 그만큼 '듣기'에 덜 집중하게 만드니까요.

의도적으로 시각 자극은 없애고 소리만 듣는 기회를 갖도록 해주세요. 영어 CD나 이야기 CD를 틀어주고 집중해서 듣는 것도 좋습니다. 엄마가 들려주는 이야기도 좋은 듣기 자료입니다. 오롯이 청각에만 의지하여 이야기를 듣는 경험은 아이의 주의 집중력을 길러줄 수 있습니다.

그래도 부모가 없는 공간인 학교에서 40분간 선생님 말씀을 경청하며 수업 시간 내내 집중을 잘할지 걱정되나요? 그렇다면 선 긋기 놀이, 종이접기, 만들기, 그리기, 책 읽기, 문장 필사하기 등의 활동을 한자리에 앉아서 규칙적으로 해보면 집중력 향상에 도움이 됩니다. 그렇다고 40분 시간을 재어가며 하지 마세요. 아이에게 집중력보다 강박을 가르치게 되는 거니까요. 조금 편안한 마음으로 시간이 아닌 활동에 집중하게 유도해주세요.

TIP

핸드폰을 사줘야 할까?

결론부터 말씀드리면 핸드폰은 최대한 늦게 사주는 것이 좋습니다. 저학년 아이들은 몸으로 노는 것에 재미를 느끼기도 전에 스마트폰의 자극적인 유혹에 휩쓸리면 안 됩니다. 스마트폰이나 태블릿 PC와 같은 전자기기를 사용하는 동안에는 다양한 사고 활동을 하기 어렵습니다.

스마트기기를 통해 접하는 프로그램은 화면 전환이 빠른 영상과 손 조작으로 움직이는 게임이나 퀴즈 등이 주를 이룹니다. 빠른 속도감과 즉각적인 반응을 유도하는 과정 중에는 연상, 유추, 예측과 같은 다양한 사고 활동을 하기 어렵습니다. 아이들에게 필요한 건 즉각적인 반응 연습이 아닌 천천히, 깊이 생각하는 힘을 기르는 것이죠. 더 중요한 것을 놓치기 쉬워요.

아이들이 스마트폰을 통해 세상을 만나지 않도록 해주세요. 아이들이 만나야 하는 세상은 몸으로 느끼는 진짜 세상이어야 합니다. 초등 저학년의 경우에는 자신의 물건을 잘 간수하지 못해 분실하는 경우도 종종 발생합니다. 가정에서 가지고 오지 않았다는 사실을 잊은 채 핸드폰을 잃어버렸다고 울며 찾아달라는 경우도 자주 있어요. 또 길을 걸어가면서, 급기야 횡단보도를 건너면서도 핸드폰에 시선이 가 있는 아이들도 볼 수 있습니다. 안전사고의 위험이 있으니 이 부분도 단호하게 지도해야 합니다.

이미 자극적이고 화려한 스마트폰의 세상에 익숙해졌다면 어떻게 해야 할까요? 이때는 부모의 단호함이 필요합니다. 아이가 자신을 스스로 통제하기 어려워한다면 스마트폰을 2G폰으로 바꾸는 용단도 필요합니다.

혹시 친구들은 다 가지고 있는데 나만 없다고 조르나요? 친구들 모두 다 가지고 있지 않습니다. 스마트폰이 없는 친구들도 아직 많답니다. 부모님과 연락을 해야 하거나 안전상의 이유로 핸드폰이 필요하다면 사용 시간을 제한할 수 있는 핸드폰이 좋습니다. 키즈폰도 괜찮습니다. 스스로 통제하는 힘을 기르려면 적절히 통제된 상황, 즉 사용 시간이 제한된 핸드폰이나 2G폰, 키즈폰과 같은 것을 제공하는 것부터 시작되어야 합니다. 스스로 통제할 수 있어야 사용도 가능하다는 사실을 인지시켜주세요. 요즘은 부모가 앱을 깔아 아이의 휴대폰 사용을 모니터링 할 수도 있습니다.

4학년이 되면 인터넷 스마트폰 중독 검사를 받게 됩니다. 학교나 지역에 따라 차이는 있겠지만 인터넷 스마트폰 중독 검사에서 반마다 30퍼센트 내외의 아이들이 우선 관리 대상으로 선별되는 것이 현실입니다. 이 많은 아이들이 어쩌다가 스마트폰 중독에 빠지게 된 걸까요?

스마트폰 중독은 저절로 시작되지 않습니다. 대체로 부모님으로부터 시작된 경우가 많지요. 부모님이 아이에게 스마트폰을 쥐여주었을 테니까요. 아이가 스마트폰 사용을 절제했으면 한다면 부모님도 아이가 보는 앞에서 절제해야 합니다. 스마트폰을 무분별하게 사용할 수 있는 유혹 상황을 통제함과 동시에 대화를 통해 사용 규칙을 정하고 엄격하게 지키도록 해야 합니다. 그리고 스마트폰을 아이에게 쥐여줄 때는 이것만은 꼭 지켜야 합니다.

◇첫째, 시간 때우기용으로 사용하는 것은 삼가주세요

심심하고 지겹다고 투덜거릴 때마다 손에 쥐여준다면 "이제 그만"이라는 말은 더이상 권위를 잃게 됩니다.

◇둘째, 학습 콘텐츠도 먼저 콘텐츠의 질을 확인해주세요

교육적 목적에 부합하지 않거나 아이의 수준에 맞지 않는 내용은 걸러야 합니다. 지나치게 화면 전환이 빠른 것도 좋지 않습니다.

◇셋째, 사용 전에 한 번 더 약속을 인지시켜주세요

"이 퀴즈만 풀도록 하자" "10분만 사용하기로 했지?" "이번 영상이 끝나면 전원을 끄는 거야"와 같이 약속을 한 번 더 언급한 뒤 사용하게 하세요. 만약 사용 시간을 약속한 경우라면 타이머를 켜두는 것도 방법입니다. 부모님이 강제로 타이머를 설정하기보다 스스로 타이머를 설정할 때 자기조절능력이 키워질 수 있습니다.

◇넷째, 스마트기기로 학습한 뒤에는 그와 관련된 대화로 마무리해주세요

어떤 점이 재미있었는지, 새롭게 알게 된 건 무엇인지 물어보는 과정을 경험하게 되면 스마트기기를 다루는 동안 배우는 내용에 조금 더 집중하게 됩니다.

다음은 스마트쉼센터 사이트에서 제공하는 스마트폰 과의존 진단 문항입니다. 간단한 진단 문항으로 스마트폰 과의존 정도를 확인해보면 좋습니다.

스마트쉼센터

QR코드를 통해 온라인 상에서 진단 검사를 완료하면 결과를 확인할 수 있습니다.

유아동 스마트폰 과의존 진단 검사

1	**스마트폰 이용에 대한 부모의 지도를 잘 따른다.**			
	☐ 전혀 그렇지 않다	☐ 그렇지 않다	☐ 그렇다	☐ 매우 그렇다
2	**정해진 이용 시간에 맞춰 스마트폰 이용을 잘 마무리한다.**			
	☐ 전혀 그렇지 않다	☐ 그렇지 않다	☐ 그렇다	☐ 매우 그렇다
3	**이용 중인 스마트폰을 빼앗지 않아도 스스로 그만둔다.**			
	☐ 전혀 그렇지 않다	☐ 그렇지 않다	☐ 그렇다	☐ 매우 그렇다
4	**항상 스마트폰을 가지고 놀고 싶어 한다.**			
	☐ 전혀 그렇지 않다	☐ 그렇지 않다	☐ 그렇다	☐ 매우 그렇다
5	**다른 어떤 것보다 스마트폰을 갖고 노는 것을 좋아한다.**			
	☐ 전혀 그렇지 않다	☐ 그렇지 않다	☐ 그렇다	☐ 매우 그렇다
6	**하루에도 수시로 스마트폰을 이용하려 한다.**			
	☐ 전혀 그렇지 않다	☐ 그렇지 않다	☐ 그렇다	☐ 매우 그렇다
7	**스마트폰 이용 때문에 아이와 자주 싸운다.**			
	☐ 전혀 그렇지 않다	☐ 그렇지 않다	☐ 그렇다	☐ 매우 그렇다
8	**스마트폰을 하느라 다른 놀이나 학습에 지장이 있다.**			
	☐ 전혀 그렇지 않다	☐ 그렇지 않다	☐ 그렇다	☐ 매우 그렇다
9	**스마트폰 이용으로 인해 시력이나 자세가 안 좋아진다.**			
	☐ 전혀 그렇지 않다	☐ 그렇지 않다	☐ 그렇다	☐ 매우 그렇다

공부 습관 만들기
① 한글 떼기와 독서

학습의 시작, 한글 떼기

"언니, 큰일 났어요. 우리 애가 몇 달 뒤면 초등학교 입학하는데 아직 한글을 다 떼지 못했어요. 우리 애만 한글 못 떼고 입학하는 건 아닐까요?"

친한 동생의 울먹이는 듯한 목소리가 수화기 너머로 들려왔습니다. 당시 일곱 살 딸을 둔 친한 동생은 딸아이의 초등학교 입학을 앞두고 걱정이 이만저만이 아니었어요. 그중 가장 큰 걱정은 한글 떼기였습니다.

친한 동생이 딸아이를 마냥 놀리기만 한 것은 아니었습니다. 맘카페에서 입소문 난 비싼 교구를 구입하기도 하고 한글 교재를 사서 엄마표로 가르쳐보기도 했습니다. 물론 비싼 방문 수업을 시켜보기도 했지요. 하지만 아이는 엄마 욕심만큼 유창하게 한글을 읽고 쓰지 못해서 엄마의 속은 까맣게 타들어 갔습니다. 이미 출발선에서부터 뒤처지는 건 아닌지 엄마의 조급한 마음은 결국 아이를 닦달하기에 이르렀어요.

입학 전, 한글을 떼야 할까?

'초등학교 입학 전에는 한글을 완벽하게 떼야 한다.'

엄마들 사이에서는 명제 같은 말입니다. 하지만 명제같이 들릴 뿐이지 명제는 아닙니다. 결론부터 말씀드리면 한글 떼기는 완벽하지 않아도 괜찮습니다. 한글 떼기나 더하기, 빼기와 같은 연산 정도는 입학 전에 기본으로 갖춰야 하는 학습 능력인 것처럼 말하는 이들도 있습니다. 만약 이런 기본 능력도 갖추지 않은 채 입학하게 되면 부진아 낙인을 면하기 어렵다면서요. 이런 '카더라 통신'들로 엄마들의 마음은 불안할 수밖에 없습니다. 부모님들의 불안감 크기만큼 사교육 시장의 크기도 비례해서 성장하는 것 같습니다.

친한 동생은 아직도 한글 걱정을 하고 있을까요? 그날의 걱정이 무색하게 그 아이는 입학 후 몇 개월 지나지 않아 한글을 읽고 쓰는 데 아무런 어려움이 없었습니다.

한글 학습의 적기

첫째 아이가 네 살쯤 되었을 때의 일입니다. 아이와 함께 마트에서

장을 보고 나오던 중, 한 아주머니, 아니 영사(영업사원) 한 분이 친근한 인사와 함께 다가왔습니다.

"어머, 아이가 똘망똘망하니 참 귀여워요. 한 네 살쯤 되었죠? 한글 시작했나요?"

유아 교구 업체 영업사원은 지금 시작해야 늦지 않다며 값비싼 교구와 학습지를 추천해주셨습니다. 그분이 제 손에 쥐여준 팸플릿에는 "4세부터 시작하는~"이라는 문구가 커다랗게 적혀 있었어요. 지금 시작해야 늦지 않다는 말이 한참 동안 머릿속을 맴돌았습니다. 4세가 적기인 듯 광고하는데, 내일모레면 입학하는 7, 8세는 늦어도 한참 늦은 것처럼 여겨지는 것은 당연합니다. 주변에서 또래 누군가가 한글을 벌써 뗐다는 소식을 접하기라도 하면 어느 부모라도 조바심 날 거예요. 저도 그랬으니까요.

모든 학습은 아이의 인지 능력이 그것을 이해하고 받아들일 수 있는가에 달려 있습니다. 부모의 욕심 한 스푼을 넣은 여러 학습을 아이에게 주입하려 해도 아이의 인지 능력이 그 학습을 받아들일 만큼 성숙하지 않다면 소용이 없습니다. 한글 공부도 마찬가지입니다. 인지 발달의 관점에서 보면 문자를 인식하고 방향 감각과 소근육이 충분히 발달하기 시작할 때가 한글 공부의 적기입니다. 우리 아이들의 발달 단계를 고려했을 때 평균적으로 7세에서 8세 사이를 한글을 가장 단시간에 효과적으로 학습할 수 있는 적기로 봅니다.

적기라고 말할 수 있는 또 다른 경우는 아이가 글자에 관심을 보이는 시기입니다. "엄마, 이게 무슨 글자예요?" "내 이름 쓰는 방법을 알려주세요"라고 적극적으로 글자에 관심을 보일 때가 있습니다. 그렇다고 본격적으로 한글 학습을 시작하라는 말은 아닙니다. 궁금증은 그때그때 풀어주되, 학습의 의미보다 놀이에 가깝게 한글 공부를 시작할 준비 단계를 가지면 됩니다.

평균적으로 7세 이후부터는 문자를 인식하고 방향 감각과 소근육이 충분히 발달하기 시작합니다. 문자를 인식한다는 것은 '흰색은 종이요, 검은색은 글자더라'를 넘어 글자의 모양에 따라 구별할 수 있는 능력을 말합니다. 방향 감각은 위와 아래, 왼쪽과 오른쪽, 대각선의 방향을 구분할 수 있는 능력이에요. 소근육이 발달하면 크레파스나 색연필을 잡고 다양한 선을 그을 수 있으며 여러 가지 모양을 가위로 자를 수 있습니다. 한글 학습을 위한 기본 능력이지요. 이 정도 능력이 충분히 갖춰져 있으면 길면 1년, 짧으면 3개월 이내에 한글을 뗄 수 있습니다.

입학 전 한글, 어디까지 떼야 할까?

여기에 대한 해답을 드리기 위해 현재 초등학교에서 하는 한글 교육에 대해 설명드릴게요. 초등학교 1학년 1학기 국어 과목의 내용은 한글 교육이 포함되어 있습니다. 정확하게 말씀드리면 2024년부터 적용된 새 교육과정의 지침에 따라 한글 공부를 102시간이라는 어마어마한 시간 동안 하게 됩니다. 불과 몇 년 전만 하더라도 고작 27시간 편성되어 있었고, 2023년까지는 57시간 편성되어 있었습니다. 어때요? 한글 수업 시간이 어마어마하게 늘었죠?

다음은 초등학교 1학년 1학기 국어 교과서의 목차입니다.

한글 놀이 (기초 학습)

1. 글자를 만들어요
2. 받침이 있는 글자를 읽어요
3. 낱말과 친해져요
4. 여러 가지 낱말을 익혀요
5. 반갑게 인사해요
6. 또박또박 읽어요
7. 알맞은 낱말을 찾아요

한글 놀이를 포함한 전체 8단원을 《국어(가)》와 《국어(나)》 두 권으로 나누어 배우게 됩니다. 내용을 살펴보면 특히 1학기에 배우는 모든 단원이 한글 학습에 해당합니다. 기초 학습에 해당하는 한글 놀이에서 바르게 듣고 읽는 자세와 연필을 잡는 방법을 먼저 공부하고, 다양한 선을 그리며 운필력을 기르도록 하지요. 이후에 자음자와 모음자를 배우고 낱글자를 조합하여 새로운 글자를 만드는 법을 공부합니다.

《국어 1-1》 바른 자세로 읽고 쓰는 법

이렇게 1학년 국어 교육 과정은 간단한 받침 글자까지 학습한 뒤 문장 쓰기를 하면 1학기가 마무리됩니다. 하지만 국어 교과서가 한글 학습에 많은 양을 할애하고 있다 하더라도 체계적으로 한글 학습을 하기에 아쉬운 건 사실입니다. 그래서 각 학교에서는 지역 교육청에서 개발한 한글 보조 교재를 자율적으로 활용하고 있습니다.

한글을 전혀 모르고 입학해도 괜찮을까?

아니요. 괜찮지 않습니다. 안타깝게도 학교에서의 102시간 한글 교육으로 한글을 완벽히 뗄 수 있다고 단언하기에는 무리가 있습니다. 새로운 문자를 익히는 데 필요한 학습 시간이 아이마다 편차가 크기 때문입니다.

새로운 문자를 배우고 익히는 데까지는 꽤 많은 시간이 듭니다. 낫 놓고 기역 자도 모르는 아이가 한글 수업 몇 번으로 완벽히 익히고 외우는 것은 쉽지 않습니다. 어른이라도 생전 처음 보는 러시아어 문자를 단시간에 외워보라고 한다면 벌써부터 머리가 지끈거리겠지요.

게다가 넘치는 자신감에 교실 벽을 뚫을 듯한 목소리로 한글을 술술 읽는 주변 친구들 사이에서 자존감을 유지하기란 쉽지 않습니다. 남들은 다 아는데 나만 모르는 이상한 나라에 온 듯한 기분일 거예요. 물론 주변을 의식하지 않고, 몰라도 당당하게 질문할 줄 아는 아이라면 괜찮을지도 모릅니다. 하지만 갓 입학한 신입생이라면 주변 분위기에 주눅드는 경우가 훨씬 많습니다.

아이의 기질에 따라 필요한 한글 수준

한글을 어느 정도 수준으로 알고 있어야 학교생활에 불편이 없을까요? 결론부터 말씀드리면 아이의 기질에 따라 답이 다릅니다. 어떤 아이는 거의 낫 놓고 기역 자 정도 아는 수준에도 큰 무리 없이 학교생활을 하는 반면, 자기 생각을 쓸 수 있는 정도여야 걱정이 없는 아이도 있습니다.

아이의 기질에 따른 한글 떼기 진도율

아이의 기질	한글 이해 능력	진도율
아는 내용에 금방 흥미를 잃는 아이	자음자와 모음자를 구별하고 소릿값을 안다.	10%
	자음자와 모음자를 결합하여 새로운 글자를 만들고 읽을 수 있다.	20%
활발하고 대화에 거리낌이 없는 아이	자음자와 모음자를 결합하여 새로운 글자를 쓸 수 있다.	30%
	기본 받침이 들어간 낱말을 읽을 수 있다.	40%
	기본 받침이 들어간 낱말을 쓸 수 있다.	50%
	복잡한 받침 글자가 들어간 낱말을 읽을 수 있다.	60%
자신감이 떨어지는 아이 · 예민하고 소극적인 아이	복잡한 받침 글자가 들어간 낱말을 쓸 수 있다.	70%
	이중모음이 들어간 낱말을 읽을 수 있다.	80%
	이중모음이 들어간 낱말을 쓸 수 있다.	90%
	겹받침 글자가 들어간 낱말을 읽고 쓸 수 있다.	100%

◇아는 내용에는 금방 흥미를 잃어요

"선생님, 저는 다 알아요. 재미없어요. 시시해요."

이미 배웠거나 쉬운 학습 내용에 시시하다고 말하는 아이들도 있습니다. 급기야 아는데 해야 하냐고 묻는 아이들도 있습니다. 선행을 많이 하고 오면 금방 흥미를 잃는 경우지요. 이런 유형의 아이라면 완벽하게 한글을 떼고 오지 않아도 됩니다. 오히려 학교를 지루하고 시시한 곳으로 여길 수 있어요.

그렇다고 해서 한글을 빨리 깨치고자 하는 아이에게 일부러 노출을 시키지 않고 학교에 가서 공부해야 한다고 아이의 호기심을 가로막으라는 것은 아닙니다. 입학 전에 아이가 하고자 한다면 굳이 말리지 않아도 됩니다. 10개 중에서 8개는 알더라도 한두 개는 학교에서 배워오면 된다고 생각하면 됩니다.

◇아이가 활발하고 대화에 거리낌이 없어요

설렘보다는 두려움이 앞서는 아이들 사이에서 유독 톡톡 튀는 아이들이 보입니다. 낯선 선생님께 거리낌 없이 다가와 이야기를 술술 털어놓는 아이입니다. 수업 시간에 조금이라도 아는 게 나오면 발표를 해야 직성이 풀리지요. 반대로 모르는 게 나오면 선생님의 대답을 들을 때까지 묻습니다. 30명 가까이 되는 학생들 사이에서 담임선생님으로서는 학생 수준을 진단하기 가장 수월한 학생의 유형입니다.

이런 유형의 아이면 자음자와 모음자를 구별하고 낱글자의 소릿값을 아는 수준인 30퍼센트 이상의 한글 습득이 되어 있다면 학교생활에 크게 지장은 없습니다. 단, 학교에서 진행하는 한글 교육의 진도를 따라갈 수 있도록 복습이 병행된다면 말이죠.

◇모르는 내용이 나오면 자신감이 떨어져요

잘할 수 있으나 잘 못한다고 여기거나, 잘 알면서 잘 모른다고 말하는 아이들을 쉽게 만납니다. 자신감이 부족한 아이입니다. 할 수 있음에도, 알고 있음에도 쉽게 도전하지 못하거나 주저하는 아이들의 경우에는 자신감을 잃지 않고 적극적으로 수업에 참여하기 위해 복잡한 받침 글자를 읽고 쓸 줄 아는 한글 수준인 70퍼센트 이상 떼는 것을 권장합니다.

◇아이가 예민하고 소극적이에요

갓 입학한 대부분의 아이는 한동안 어른이 상상하지 못할 만큼의 긴장감을 가지고 있습니다. 특히 선천적으로 예민하고 새로운 환경에 적응하는 데 오랜 시간이 걸리는 아이들의 경우에는 더하죠. 모르는 게 있어도 선생님께 물어보지 못하고 안절부절못하다가 결국 눈물을 글썽이는 아이도 있습니다. 학교 적응 기간 동안에는 특히 더할 수 있습니다. 학습 능력과는 별개의 문제지요.

예민하고 소극적인 아이들 중에는 학습 능력이 뛰어난 아이들도 많습니다. 이런 아이의 경우에는 순조로운 학교 적응을 위해서라도 한글을 70퍼센트 이상 떼는 것을 권장합니다.

아이의 성격이나 기질에 따라 원만한 학교생활에 필요한 한글 해득 수준의 정도가 다를 수 있음을 설명해드렸습니다. 한글을 거의 다 익히고 입학을 했든, 거의 모르고 입학을 했든 가장 중요한 건 학교 진도에 따른 복습입니다.

우리가 흔히 사용하는 학습學習이라는 단어는 배우고學 익힌다習는 뜻을 가집니다. 여기서 학學은 외부에서 정보를 받아들이는 인풋input의 과정에 해당하고, 익힌다는 것은 본인의 것으로 습득된다는 것을 말합니다. 습득되기 위해서는 시간과 노력이 필요하지요. 즉 복습의 과정이 습習에 해당됩니다.

우리가 낯선 외국어를 배운다고 가정해봅시다. 외국어 학원이나 인강을 통해 수업을 열심히 듣는 것이 배우는 과정, 즉 학學에 해당하지요. 학습이 여기서 그친다면 하루 이틀, 아니 몇 시간만 지나고 나면 우리 머릿속에 남아 있는 지식은 들어온 양에 비해 남아 있는 양이 얼마 되지 않을 거예요. 배운 내용은 적어도 자신의 것이 되어야 합니다. 그러기 위해서는 시간과 노력을 들이는 복습의 단계가 있어야 하죠.

학교에서 학學의 시간을 가졌다면 가정에서 습習의 시간을 가질 수 있도록 부모님의 관심과 노력이 필요합니다. 조금은 번거롭고 힘든 과정이지만 우리 아이가 한글을 술술 읽고 자기 생각을 글로 자유롭게 표현하는 모습을 상상하며 잠깐의 복습 시간을 가져보기를 바랍니다.

한글 떼기 공부법

"옛날, 아주 먼 옛날에 숲속 마을에서 있었던 일이에요…. 자, 다 읽었다."

"엄마, 또, 또, 또 읽어주세요."

"엄마 설거지 다 하고 읽어줘도 될까?"

"아니, 지금, 지금!!!"

첫째 아이가 어렸을 때였어요. 매번 같은 책을 반복적으로 읽어달라는 아이 때문에 여간 힘든 게 아니었습니다. 어서 아이가 한글을 떼서 엄마를 찾지 않고 혼자 책 읽는 그날을 손꼽아 기다렸지요. '읽기 독립'이라는 근사한 말로 포장해서 말이에요. 책 읽기를 좋아하고 문자에 관심을 보이는 지금이 어쩌면 한글 공부의 적기

일지 모른다는 기대심이 발동했습니다. 아이 손을 잡고 길을 가다가 "예설아, 저기 이발소라고 적혀 있네? 어머, 여기 불을 끄는 소화기가 있어. 소, 화, 기, 라고 적혀 있네?"

이렇게 우리 주변의 글자에 관심을 기울이도록 자주 알려주던 차에 "엄마, 저기 '소'라는 글자가 있어요. '이발소' 할 때 '소', '소화기' 할 때 '소'."

아이의 놀라운 아웃풋에 '지금이 적기야!'라고 속으로 외치며 저의 모든 전문성을 갈아 넣어 엄마표 한글 공부 교육 과정을 짜기 시작했습니다. 그렇게 아이가 네 살이 되던 해에 야심 차게 한글 공부는 시작되었습니다. 성공했냐고요? 아쉽게도 처참하게 실패했고, 모든 원인은 '읽기 독립'을 간절히 원했던 저의 욕심 때문임을 얼마 지나지 않아 알아차릴 수 있었습니다. 아이가 한글을 떼기를 바란다면 부모의 조급함과 욕심을 걷어내는 게 우선이었습니다.

놀이로 시작하는 한글 공부

4세에서 6세 정도의 어린아이가 한글 공부를 처음 접할 때는 놀이 형태로 시작하세요. 이유는 하나입니다. 처음으로 공부다운 공부를 하기 전, 긍정적인 공부 정서를 갖게 하기 위해서입니다. 놀이로 접근하는 한글 공부는 학습에 대한 거부감이 적습니다. 아이들이 한글을 익힐 때 힘들어하는 가장 큰 이유가 주입식이나 암기식으로 학습해서입니다. 처음 한글을 접하는 아이에게는 한글 공부에 대해 긍정적인 공부 정서를 심어주는 것이 우선입니다.

아이를 둘러싼 환경 속에서 한글이 어떻게 쓰이는지를 살펴보고 한글 공부의 필요성을 느끼도록 해주세요. 여러 개의 선이 만나 낱글자를 이루고, 낱글자들이 합해져서 하나의 통 글자가 만들어진다는 사실도 즐겁게 체험할 수 있도록 해주세요. 학습이 아닌 놀이라는 마음으로 한글을 접하게 되면 받아들이는 아이는 물론이고 가르치는 부모의 마음도 한결 가볍습니다.

◇한글 자석 퍼즐로 글자 찾기 놀이

국민 육아템인 한글 자석 퍼즐로 아이와 함께 낱글자 찾기 놀이를 해볼 수 있습니다. 예를 들어 아이 이름이 '김준우'라면 "준우 이름에 들어가는 '우'는 이렇게 생겼어. 준비 시~작 하면 '우' 글자를 찾아서 자석 칠판에 붙이는 거야. 누가 먼저 찾을까? 엄마도 어서 찾아봐야지"라고 설명하며 만들어야 하는 글자를 보여주고 글자 만들기 놀이를 해볼 수 있습니다.

한글 자석 퍼즐 놀이

◇색종이 글자 만들기

색종이 글자 만들기

색종이를 길게 자르거나 찢어 만들어진 직선을 이어붙여 원하는 글자를 만들 수 있습니다. 색종이를 일정한 폭으로 자르고 찢는 과정에서도 재미를 느낄 뿐만 아니라 색종이를 이어 붙여 하나의 글자를 완성했을 때 아이는 성취감을 느낄 수 있습니다.

◇과자 글자 만들기

과자 글자 만들기

빼빼로와 같이 기다란 과자로 여러 가지 글자를 만들 수 있습니다.

"빼빼로 과자로 과자 이름에 들어가는 '로'자를 만들었네. 글자 '로'는 무슨 맛일까?"

맛있는 과자로 글자를 만든 뒤 달콤한 과자를 맛보며 한글 공부에 달콤한 정서를 넣어주세요.

◇유토 글자 만들기

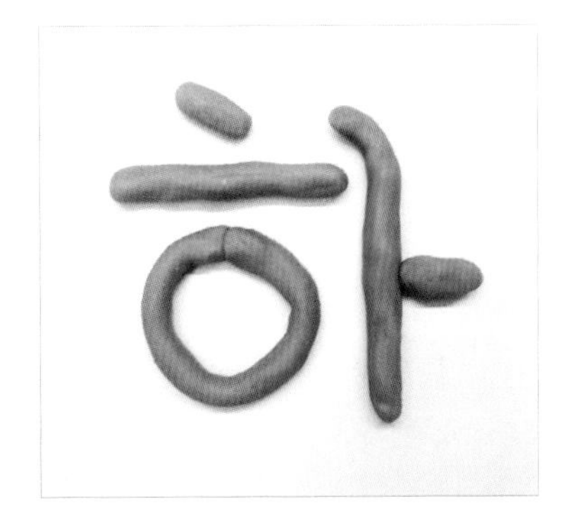

유토 글자 만들기

찰흙이나 클레이와 비슷한 '유토'라는 교구가 있습니다. 유토는 쌀과 전분으로 만들어진 신소재 곡물 점토로 공기에 접촉해도 굳지 않아 오랜 시간 사용할 수 있습니다. 유토를 국수가락으로 만들어 다양한 글자를 만들며 노는 것도 아이들에게는 좋은 한글 놀이가 될 수 있습니다.

◇책에서 글자 찾기 놀이

글밥이 적고 글자 크기가 적당히 큰 유아용 도서나 동시집에서 글자 찾기 놀이를 할 수 있습니다.

"글자 '나'는 이렇게 생겼어. 이 동시에서 '나' 글자는 몇 번 나올까? 천천히 찾아보자. 아빠도 마음속으로 찾아볼게. 몇 번 나왔는지 우리 동시에 말해볼까? 하나, 둘, 셋!"

시각적 집중력이 발휘될 수 있도록 즐거운 놀이 속에 학습의 요소를 적절히 넣어주세요.

통 글자로 익히는 한글 공부

간혹 한글을 빨리 뗐다는 소문의 주인공들은 대개 5, 6세 정도 나이죠. 드물게 4세 정도도 보았습니다. 4세 자녀가 한글을 뗐다는 놀라운 포스팅이 네이버 메인을 장식한 것을 본 기억이 있거든요. 이 아이들의 공통점은 시각 기억visual memory이 굉장히 발달했다는 것입니다. 그래서 한글을 통 문자로 시각화하여 익혔던 것이죠. 아이들에게 영상 노출만 했을 뿐인데 한글이나 영어를 읽고 쓸 수 있더라는 남의 집 일 같은 이야기도 같은 이유입니다.

제 아이도 어쩌면 놀라운 기적의 주인공일지도 모른다는 기대감을 품고 통 글자를 익히도록 했습니다.

"예설아, 이건 우유, 이건 젖소, 이건 호랑이야, 자, 기억했어? 엄마가 섞어볼게. 엄마가 소리 내는 글자를 찾아보자. 재미있겠지?"

'우유'라는 글자는 흰색으로, '젖소'라는 글자는 흰색과 검은색으로 무늬를 넣었으며, '호랑이' 글자에는 갈색과 고동색으로 줄무늬를 그려서 색 글자 카드를 만들어 아이에게 보여주었습니다. 엄마의 기대를 저버리지 않고 아이는 제가 소리 내는 글자를 곧잘 찾았습니다. 충분히 연습했다 싶을 때, 검은색으로만 적힌 먹 글자를 제시했더니 아이는 금세 울상이 되었습니다. '우유'와 '젖소'는 글자의 모양이 전혀 다름에도 불구하고 글자 수가 같아서 특히 더 헷갈려 했습니다. 아이는 제 기대에 미치지 못했습니다. 어쩌면 아이가 보는 앞에서 저도 모르게 한숨이 새어 나왔을지도 모릅니다. 그리고 아이는 자신이 부족한 아이라고 느꼈을 테지요.

제가 한글 떼기에서 겪었던 시행착오는 아이의 시각 기억력 발달 정도를 고려하지 않은 채 무리한 통 글자 학습을 진행했던 부분입니다. 통 글자 학습으로 글자를 어느 정도 익히는 아이들이 있지만 모든 아이에게 해당하는 말은 아닙니다. 그렇다고 통 글자로 익히는 아이들이 특별하다는 말도 아닙니다. 시각 기억력이 발달했다고 하여 영재성 유무를 판단하지는 않습니다. 영재성과는 무관하다는 거예요. 대부분의 아이는 시각적 자극만으로 문자를 외우고 익히기 어려워합니다. 이 경우의 아이들이 학습력이 떨어진다거나 암기력이 부족하다고 평가하지 않아야 합니다. 단지 보통의 아이들에게 통문자 학습이 비효율적일 뿐이에요.

통 글자 학습으로 글자를 익히려면 만 개가 넘는 글자를 외워야 합니다. 그 많은 글자를 하나씩 외우게 하는 것은 비효율적이죠. 일상생활에서 자주 접하는 몇 개의 글자, 예를 들어 자신의 이름이나 학교, 유치원명을 통 글자 형태로 익혀 '○○유치원은 한글로 이렇게 생겼어' '내 이름은 이렇게 써' 정도로 인식해도 한글 학습에 큰 무리가 없습니다. 모든 글자를 통 글자로 익히지 않아도 된다는 것이죠.

낱글자로 완성하는 한글 공부

단기간에 학습하는 방법은 만 개 가까운 통 문자를 외워서 학습하는 것이 아닌 한글 창제 원리에 따른 자모 결합 방식을 익히는 것입니다. 당연히 학교에서도 자모 결합 방식으로 학습합니다.

한글은 한자와 달리 '표음 문자' 즉, 소리글자입니다. 소리와 소리가 더해져 하나의 글자를 이루는 규칙성을 가지고 있지요. 입학을 전후한 시기가 되면 소리의 규칙성을 이해할 수 있는 사고력이 발달하게 됩니다. 원리를 터득하게 되면 한글을 빨리 읽고 쓸 수 있음은 물론이고 조금 더 흥미를 가지고 한글을 배울 수 있게 됩니다. 기본 자음과 모음을 결합하여 소리 내는 원리만 익히면 뜻이 없는 글자, 즉 무의미 단어도 읽을 수 있게 됩니다. 하지만 앞서 말씀드렸듯이 입학 전에 한글을 완벽하게 떼지 않아도 괜찮습니다.

와, 워, 왜, 웨 와 같은 이중 모음이나 밝다, 삶다, 앉다와 같은 겹받침은 꽤 어려운 글자입니다. 아이가 복잡한 모음과 받침을 어려워하면 생략해도 문제없습니다. 이 시기의 아이에게는 맞춤법과 같은 정교성까지 요구하지 않아야 합니다. 한글 읽기와 쓰기에 충분히 익숙해지면 자연스럽게 익히기도 하고, 입학 이후 2학년까지도 충분히 학습할 기회가 있기 때문입니다.

한글 떼기는 문해력의 초석이다

1학년 1학기가 마무리되면 학교에서는 〈한글 또박또박〉과 같은 프로그램을 이용해 개인별 한글 해득 수준을 평가합니다. 학교 사정에 따라 1학년 1학기가 끝나는 7월 말이나, 2학기가 시작되는 9월 초에 실시하기도 합니다. 그리고 2학년 진급 전에 한 번 더 평가하지요. 한글 해득은 기초 기본 교육 중에서도 가장 중점 교육에 해당합니다. 바로 문해력의 기초가 되기 때문입니다.

문해력literacy, 文解力이란 글을 읽고 이해하는 능력입니다. 이 중 글을 읽을 수 있는 능력을 '최소 문해력'이라 하고, 글을 이해하는 능력을 '기능적 문해력'이라 합니다. 문해력은 글을 읽고 쓸 줄 모른다는 개념의 문맹과는 다른 능력으로 단순히 읽고 쓰는 것을 뜻하지 않습니다. 듣기, 말하기, 읽기, 쓰기 능력을 아우르는 언어 능력으로 겉으로 드러나지 않는 문맥을 파악하고 응용하는 힘을 말하는 것이죠.

기본적으로 읽고 쓸 수 없다면 그 외의 학습은 무의미합니다. 아이가 학습을 따라가기 곤란하기 때문입니다. 늦어도 2학년까지는 읽고 쓸 수 있는 최소 문해력, 즉 한글을 읽고 쓸 수 있는 능력을 다져둬야 합니다.

읽기 장애와 학습 부진

드물기는 하지만 난독증(읽기 장애)이나 학습 부진으로 인해 좀처럼 한글 떼기가 안 되는 아이도 있습니다. 말문이 늦게 트였고, 말할 때 자꾸 더듬는 경우, 발음이 어눌한 경우, 무슨 말인지 몰라 항상 되묻는 경우, 쉬운 단어도 잘 기억하지 못하는 경우, 한글 공부를 할 때 글자가 움직인다고 말하는 경우, 또래에 비해 지나치게 산만한 경우라면 관련 병원이나 언어치료센터와 같은 기관에서 검사를 받아보는 것도 좋습니다.

읽고 쓰기에만 힘들어하는 것이 아니라 전반적인 학습 능력이 떨어진다면 학습 부진아(인지 능력은 정상이나 기대만큼 학업 성취를 보이지 못하는 경우) 또는 학습 지진아(선천적으로 인지 능력이 떨어지는 경우)일 수 있습니다. 만약 다른 영역에서는 특이점이 없고 읽고 쓰기만 어려워한다면 난독증을 의심해볼 수 있습니다.

난독증은 읽고 쓰기와 관련된 뇌 부위인 좌 두정엽의 선천적 결함이나 손상 등으로 생길 수 있습니다. 문장 읽기를 어려워하는 것은 물론이고 글자를 생략하거나 다른 글자로 대체하여 읽기, 읽는 속도가 지나치게 더디거나 더듬더듬 읽는 모습을 보입니다. 또 쉬운 문장은 큰 어려움이 없지만 약간 복잡하거나 긴 문장을 독해하지 못하는 것도 읽기 장애에 해당합니다. 저학년 때는 한글 떼기를 약간 어려워하는 것처럼 보여 티가 나지 않는 예도 있습니다. 그래서 고학년이 되어서야 읽기 장애 판정을 받기도 합니다. 만약 난독증이나 학습 장애가 의심된다면 전문 의료기관이나 언어치료센터와 같은 기관에서 검사를 받아보는 것도 좋습니다.

문해력을 다지는 독서 습관

수업을 하다 보면 글자는 잘 읽는데 다 읽고 나서는 "무슨 말이에요?"라며 되묻는 아이들을 자주 만납니다. 한글 해득은 했지만, 그 뜻을 이해하지 못하는 아이들이죠. 바로 교육의 가장 큰 화두 중 하나인 문해력 때문입니다.

문해력은 선천적으로 타고난 능력일까요? 언어인지학자인 매리언 울프는 문해력은 선천적으로 주어지는 능력이 아닌 노력의 산물, 즉 '후천적 능력'이라고 강조합니다. 교사와 부모의 입장에서는 굉장히 다행스러운 일이 아닐 수 없습니다. 그렇다면 문해력을 길러주기 위해서는 어떻게 해야 할까요? 쉽고도 어려운 일, 바로 독서입니다.

소리 내어 읽기

도호쿠대학의 가와시마 류타 교수에 따르면 인간의 활동 중 뇌를 가장 많이 활성화하는 방법이 소리 내어 읽기라고 합니다. 입과 복근을 이용해 소리를 내고 그 소리를 귀로 듣기 때문에 눈으로만 글을 볼 때와 달리 신체 여러 부분을 사용하게 됩니다. 소리 내어 읽기는 자신감이 부족한 아이에게도 도움이 됩니다. 평소 큰 목소리로 발표하기 힘들어하는 아이들에게도 먼저 읽기부터 연습을 시키면 좋습니다. 자기 생각을 조리 있게 말하기에 앞서 알아듣기 좋은 성량과 발음을 연습하는 데도 도움이 되기 때문입니다.

소리 내어 읽는 시간은 길 필요가 없습니다. 대략 10분 내외가 적당하지요. 책 일부분을 10분 내외로 소리 내어 읽고, 나머지는 눈으로 읽거나 부모님이 읽어주면 됩니다. 길을 걷다가 도로에 걸려 있는 현수막이나 길거리에 붙어 있는 광고지의 문장을 읽어보는 정도도 괜찮습니다. 읽을 때는 띄어 읽기를 고려하여 실감 나게 읽는 연습을 하도록 합니다. 읽는 모습을 동영상으로 촬영하거나 녹음하여 들려주는 것도 큰 도움이 됩니다. 스스로 읽는 과정에서 오류를 발견하고 수정할 수 있는 객관적인 자료가 되니까요.

듣는 독서의 효과

"한글은 진작 뗐는데 언제까지 책을 읽어줘야 하나요?"

저학년 부모님들께 가장 많이 듣는 질문 중 하나입니다. "한글 읽을 줄 아니까 이제 너 스스로 읽어"라며 읽기 독립을 강요하면 곤란합니다. 힘들고 귀찮겠지만 아이가 원할 때까지 계속 읽어주세요. 스스로 책을 읽을 때 활성화되는 뇌의 부분과 들으면서 읽을 때 활성화되는 뇌의 범위가 다릅니다.

"스마트기기로 책을 읽어도 괜찮을까요?"

"책 읽어주는 어플을 사용해도 되나요?"

이런 질문도 많이 듣습니다. 세상이 얼마나 편리해졌는지, AI가 부모 대신 책도 읽어주는 세상에 살고 있습니다. 아이들은 책 읽어주는 로봇의 음성을 따라 전자책을 보거나 다른 놀이를 하면서 귀로 듣습니다. 아이들은 독서를 하는 걸까요? 책을 읽어주는 로봇과 교감할 수 있을까요? 제 답은 이렇습니다. 책을 아예 읽지 않는 것보다는 낫습니다. 하지만 부모님이 직접 책을 읽어주는 것보다는 못합니다. 부모님이 책을 읽어주는 행위는 단순히 학습적인 측면에서만 의미 있다고 볼 수 없습니다. 어쩌면 부모와 나누는 정서적 교류에 더 큰 의미가 있다고 할 수 있어요.

어휘력은 독서로 다져진다

자녀와의 대화는 언제나 유익합니다. 그런데 일상대화 속에서 사용하는 어휘에는 약간의 한계가 있습니다. 반면 독서를 통해 얻는 어휘, 그리고 독서를 매개체로 하는 대화는 어휘의 수준이 달라집니다. 평소 자주 사용하는 일상어뿐만 아니라 텍스트에서 자주 사용하는 개념어들도 활용하게 됩니다. 책 읽어주는 수고로움을 지불하면 아이의 어휘력을 그 대가로 얻게 될 것입니다. 책은 어휘의 보고이자 대화의 놀이터입니다.

일본의 교육 심리학자 사카모토 이치로에 의하면 태어나서 만 7세가 될 때까지는 해마다 평균 500단어 정도씩 어휘량이 증가하는데 만 7세 이후에는 1,300 단어로 증가하고, 10세 전후로는 해마다 5,000단어 정도 증가한다고 합니다. 요컨대 초등 저학년 시기에 어휘력이 폭발적으로 증가한다는 거지요. 이때 어휘력은 문제집을 풀며 길러지는 걸까요? 물론 아닙니다. 문제집에 제시되는 어휘에는 한계가 있어요. 대신 좋은 책을 통해 아이는 새로운 정보를 습득하고 고급 어휘를 익히게 됩니다. 굳이 어휘 문제집을 풀리지 않아도 괜찮습니다.

어휘력이 탄탄하다는 것은 문해력이 탄탄하다는 것입니다. 독서 습관으로 어휘력을 잡고, 문해력은 더불어 가져가는 거지요.

책을 읽어줄 때는 느낌을 살려 읽어주세요. 물음표나 느낌표, 큰따옴표나 작은따옴표의 사용법을 설명하지 않아도 아이들은 저절로 습득하게 됩니다.

시키지도 않았는데 책을 찾거나 휴식 시간에 편안하게 소파에 앉아 책부터 펼치기 시작한다면 독서에 재미를 들였으며 읽기 독립의 긍정적인 신호이기도 합니다. 그렇다고 독서의 세계에 갓 빠져든 아이에게 독서는 혼자 조용히 책을 읽는 행위라며 무리하게

'읽기 독립'을 강요하지는 마세요. 독서는 고독한 일이라 여길 수 있거든요. 아이가 원할 때는 언제든 '함께 독서'해주어야 합니다. 초등 시기에서 문해력 향상의 핵심은 독서임을 잊지 말고 아이의 지적 욕구를 자극할 수 있는 관심 위주의 텍스트를 비롯하여 그 외의 다양한 종류의 텍스트를 제공하면서 읽고 이해하는 활동에 활력을 불어넣어 주는 것이 부모의 역할입니다.

1학년 교과서 수록 이야기책

1학년 아이들에게는 모든 게 새롭고 배움 거리입니다. 이때 모든 걸 직접 경험하며 배우기란 현실적으로 참 어렵습니다. 그럴 때는 이야기책을 함께 읽어주세요. 이야기책은 아이가 직접 경험하지 못한 다양한 세계를 간접적으로 경험하게 해주거든요.

신기한 동식물의 세계도, 옛날 사람들의 모습도, 다른 나라의 문화도 모두 책을 통해 접하게 됩니다. 물론 실재하지 않는 상상 속의 이야기를 통해서 생각의 폭을 넓히기도 하지요. 직접 경험하지 않더라도 책을 통해 새로운 것을 보고 익힙니다. 책을 읽는 동안 주인공의 감정과 생각을 전달받습니다. 공감 능력도 길러주지요. 그런 의미에서 교과서 연계 도서는 각 단원과 학습 내용에 맞게 다양하게 발췌하여 수록한 부분이 많아서 학교 수업을 재미있고 편안하게 복습할 수 있는 최적의 도구입니다.

다음의 표는 1학년 교과서에 나오는 이야기책 목록입니다.

1학기 교과서 수록 도서

 숨바꼭질 ㅏ ㅑ ㅓ ㅕ	 노란 우산	 나무야 누워서 자거라	 동동 아기 오리
 모두모두 안녕!	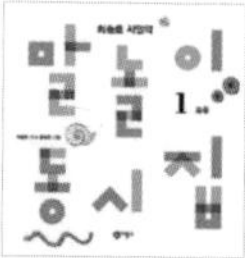 최승호 시인의 말놀이 동시집 1 –모음	 구름 놀이	 맛있는 건 맛있어
 학교 가는 길	 모두모두 한집에 살아요	 우리는 분명 연결된 거다	 꽃에서 나온 코끼리
 도서관 고양이	 가나다 글자 놀이	 꼭 잡아!	 코끼리가 꼈어요

2학기 교과서 수록 도서

 내 마음을 보여줄까?	 화내지 말고 예쁘게 말해요	 대단한 참외씨	 다니엘의 멋진 날
 그래, 책이야!	 괜찮아 아저씨	 아주 무서운 날	 진짜 일 학년 책가방을 지켜라!
 마음이 그랬어	 브로콜리지만 사랑받고 싶어	 인사	 친구를 모두 잃어버리는 방법
 날마다 멋진 하루	 나랑 같이 놀자	 진짜 내 소원	

공부 습관 만들기
② 손힘 기르기와 쓰기

마음껏 쓰기 위한 손힘 키우기

"선생님, 색칠하기 힘들어요."

"선생님, 색종이 못 자르겠어요."

"선생님, 손 아파서 더 못쓰겠어요."

학생이 되면 손으로 해야 할 일들이 참 많이 늘어납니다. 글씨를 써야 함은 물론이고 꼼꼼하게 색칠도 하고 반듯하게 종이도 잘라야 합니다. 풀칠도 야무지게 해야 자기 책상이 풀로 떡칠 되지 않지요. 아이가 지금보다 더 어렸을 때부터 소근육을 발달시켜야 한다는 말은 귀에 못이 박이도록 들었을 거예요. 그 이유는 소근육을 사용할 때 손과 눈의 협응력이 길러져 지능도 함께 발달하기 때문입니다.

소근육은 지속적으로 사용하지 않으면 발달되지 않을뿐더러 퇴화가 되기도 합니다. 스스로 밥을 먹고, 그림을 그리고, 글자를 쓰며, 옷을 여미는 모든 활동은 소근육이 발달되지 않으면 능숙해지기 어렵습니다. 소근육이 발달하면 아이는 손으로 하는 활동에 능숙해지고 자신감을 갖게 됩니다. 따라서 손힘을 기를 수 있는 다양한 활동을 지속적으로 할 수 있도록 도와주세요.

바른 자세의 시작은 손에서부터 나옵니다. 연필을 잘못 쥐게 되면 글자를 쓰는 데 쉽게 피로감을 느끼게 되지요. 그러면 집중력이 떨어질 수밖에 없고 쓰기를 지속하기도 어렵습니다. 우선 소근육이 탄탄해져야 연필을 야무지게 쥐고 의도대로 글자를 쓰거나 그림을 그릴 수 있습니다. 손힘을 키우는 데는 글씨 쓰기 연습을 하는 것보다 손으로 하는 놀이를 많이 하는 것이 우선입니다. 가위질, 종이접기, 그리기, 색칠하기, 만들기 등 손을 이용한 다양한 놀이 경험이 풍부할수록 좋습니다. 다시 말해 연필을 쥐여주기 전에 사용하기 좋은 다른 도구를 손에 쥐여주세요.

선 그리기

입학 후 첫 한 달은 학교 적응 기간을 가집니다. 이 기간 동안 아이들은 크레파스나 색연필로 공부인 듯, 놀이인 듯한 선 그리기 활동을 하게 됩니다. 아이들의 소근육 발달 수준에 따라 1~2시간 만에 끝낼 수도 있지만 많은 연습이 필요하다고 판단되면 10차시 정도로 나누어 수업하기도 합니다.

기역, 니은, 아야어여를 가르치는 것도 빠듯한데 너무나도 단순해 보이는 선 그리기에 많은 시간을 소모한다고 의문을 가지는 부모님들도 있습니다. 하지만 선 그리기로 시간을 허비한다고 생각하면 곤란합니다. 선 그리기는 기호, 즉 문자를 인식하는 중요한 학습입니다. 그래서 한글 공부의 첫 단계라 할 수 있지요.

지금부터 한글 공부를 한창 진행 중인 1학년 학생들의 일부 사례를 보여드릴게요.

글자를 그림처럼 인식하고 흉내 낸 모습

한글 획순에 맞게 적은 글자도 있지만, 일부 글자의 형태에는 글자를 그림처럼 인식하고 흉내 낸 형태도 보입니다. 한글의 모음과 자음을 배우기에 앞서 선 그리기를 해야 하는 중요한 이유가 여기에 있습니다.

위에서 아래로, 왼쪽에서 오른쪽으로, 왼쪽 위에서 오른쪽 아래 대각선으로, 맨 아래에서 시계 방향으로 동그랗게 등 방향과 위치를 이해하고 지시대로 그을 줄 알아야 획순에 맞게 글자를 쓸 수 있습니다. 선을 긋는 기초적인 기능을 충분히 익히면 글자를 쓸 때 훨씬 수월합니다. 그래서 아이가 방향을 익힐 수 있도록 반복해서 지도하고 확인하는 절차가 필요한데 그게 바로 선 그리기입니다.

학생들과 함께 선 그리기를 하다 보면 대부분의 아이는 잘 따라오지만, 일부 아이들은 선생님이 지시하는 방향대로 그리지 못하는 경우도 있습니다. 이 단계에서 아이가 어려움을 겪는다면 좀 더 집중해서 듣고, 들은 대로 직접 그려보는 연습이 필요합니다. 선 그리기를 할 때 "왼쪽에서 오른쪽으로 그리세요. 이번에는 반대로 그리세요"라는 지시를 집중해서 듣고 그대로 그릴 수 있는지를 관찰하며 학습력의 정도를 추측할 수도 있습니다. 우리 아이가 집중해서 듣고 들은 대로 협응이 잘 되는지 관찰해보고 부족한 부분에 대해서는 연습할 수 있도록 합니다.

다음의 노트는 한글 학습을 진행하고 있는 또 다른 학생이 쓴 자음자입니다. 디귿을 썼는데 좌우가 바뀐 형태로 쓴 경우입니다. 썼다기보다는 '그렸다'라는 표현이 더 적합할지도 모릅니다. 하지만 이렇게 썼다고 해서 뒤처지거나 부진아라 평가해서는 곤란합니다. 한글 쓰기 초기 단계에서 많은 학생들에게 보이는 방향 오류 현상이기 때문입니다. 이렇게 뒤집힌 글자를 거울 글자라고 합니다. 좌우 방향의 개념이 확실히 잡혀 있지 않을 때 나타나는 현상이지요. 선 그리기는 한글 학습 초기에 상하좌우의 방향 감각을 익힐 수 있는 좋은 공부입니다.

디귿과 리을 좌우, 치읓과 히읗 삐침 방향이 바뀐 모습

이번에는 치읓과 히읗에 있는 삐침의 방향을 자세히 보세요. 반대로 그었지요? 마찬가지로 방향 오류 현상입니다. '왼쪽 위에서 오른쪽 아래로 그어요'라는 지시어를 정확하게 인지하고 선을 그리는 연습이 필요합니다. '우리 아이에게 이런 현상이 보이면 어쩌지?' 하고 걱정하시나요? 걱정하지 마세요. 금방 고쳐집니다.

선 그리기가 방향 감각만 키워주는 것은 아닙니다. 자형에 따라 달라지는 선의 길이나 꺾임의 정도를 조절하는 힘을 길러주기도 합니다.

여러 자형 중 '를'과 같이 초성, 중성, 종성 모두 세로 방향으로

공	부	를		합	니	다			

크기 조절에 실패한 모습

적어야 하는 자형이 있습니다. 이런 자형의 경우에는 글자가 상대적으로 길어질 수밖에 없습니다. 그러면 자음자 'ㄹ'의 크기를 약간 줄여 적어야 하지요. 또 다른 예로 자음자 기역이 들어가는 글자 중 '가' '고' '구' '국'의 경우 각각의 자형에 따라 기역의 모양이 달라집니다. 기역의 모양이 수직을 이뤄야 하는 경우도 있지만 '가'와 같이 기울어진 선으로 써야 하는 예도 있어요. 다양한 기울기의 선을 그려보는 선 그리기 연습을 통해 다양한 자형을 빨리 익힐 수 있습니다.

길이와 기울기가 다양한 선뿐만 아니라 잘 사용하지 않는 방향, 예를 들어 오른쪽에서 왼쪽으로, 아래에서 위로 그려보는 연습을 합니다. 이와 같은 선 그리기 연습은 아이의 소근육을 발달시킬 뿐만 아니라 머리, 눈, 손의 협응력도 높일 수 있습니다.

마지막으로 여러 가지 어울리는 색을 사용하여 선 그리기를 하는 과정에서 색상에 관한 안목도 키울 수 있습니다.

단순해 보이는 선 그리기 학습에 생각보다 많은 교육적 의미가 녹아 있지요? 게다가 종이와 필기구만 있으면 가정에서도 쉽고 재미있게 할 수 있는 놀이 겸 학습이니 다양한 선 그리기를 하며 손의 힘도 기르고 방향 감각도 익히며 색상 안목도 키우기를 추천합니다.

◇아이와 함께 해보세요

선 그리기 공부에는 거창한 도구가 필요 없습니다. 종합장이나 스케치북, 크레파스와 색연필이면 충분합니다. 가로로 긴 선, 짧은 선 그리기, 세로로 긴 선, 짧은 선 그리기, 여러 방향의 대각선 그리기, 여러 형태의 곡선 그리기, 크기가 다른 동그라미 그리기 등 다양한 선으로 종이를 채워보면 됩니다.

선그리기 (사선, 굽은선, 달팽이선)

색칠하기

색칠하기는 소근육을 기르는 데 좋은 활동입니다. 아이들은 밑그림에 크레파스로 색을 칠하는 과정을 통해 자연스럽게 색감을 키우고 집중력도 기르게 됩니다. 아이들의 취향을 고려하여 좋아하는 캐릭터북이나 컬러링북에 색칠 놀이를 자주 시켜주세요. 처음에는 자유롭게 색칠을 하다가 조금씩 정교하게 칠하는 방법을 알려주세요.

◇아이와 함께 해보세요

한 방향으로 칠하기, 방향을 바꿔가며 칠하기, 손에 힘을 주고 진하게 칠하기, 손에 힘을 빼고 연하게 칠하기, 밑그림 선 밖으로 삐져나오지 않게 칠하기, 색의 어울림을 생각하며 칠하기 순으로 차근차근 수준을 높여가며 색칠 놀이를 할 수 있도록 도와주세요.

가위질과 풀칠하기

1학년 과정에는 오리고 붙이는 활동이 많습니다. 이때 가위 사용에 익숙하면 작품의 완성도가 올라갈 뿐만 아니라 자신감도 높아집니다. 가정에서 처음 가위질을 연습할 때는 다치지 않도록 안전 가위로 연습하고, 어느 정도 익숙해지면 일반 가위로 교체해주도록 합니다. 학교에서 안전 가위를 사용하게 되면 종이가 잘 잘리지 않아 불편함을 겪을 수 있습니다. 아이의 안전을 위해 가정에서 충분히 연습하는 것이 좋습니다. 왼손잡이라면 왼손용 가위나 양손용 가위를 사용할 수 있도록 해주세요.

가위질과 함께 풀칠도 연습해봅니다. 많은 아이들이 딱풀을 사용할 때, 풀칠해야 하는 종이보다 더 넓은 면적으로 책상에까지 풀칠을 하니까요.

◇아이와 함께 해보세요

선 그리기를 하며 그린 여러 형태의 선을 가위질해봐도 좋습니다. 내가 그린 선을 따라 반듯하고 정교하게 자르는 연습을 해보는 거죠. 자른 종이를 스케치북에 풀로 붙여 글자나 모양을 만들어보세요. 새로운 작품이 완성되는 경험을 해볼 수 있습니다. 이때 풀칠 연습을 충분히 하는 거예요. 넓은 면적에 풀칠할 때는 풀도 넓은 면적을 활용해서 칠합니다. 반대로 좁은 면적에 풀칠할 때는 풀의 모서리 부분으로 조심스럽게 칠합니다.

종이접기

"어머님, 여름방학 동안 종이접기 연습을 시키면 좋을 것 같아요."

첫째 아이가 학교에 입학을 하고 두어 달쯤 지났을 때, 담임선생님으로부터 전화가 왔습니다. 예설이가 창체 시간에 하는 종이접기를 힘들어한다고요. 선생님의 설명과 함께 종이접기를 하는 수업에서 예설이가 설명대로 잘 접지 못해서 결국 울음이 터졌다고 말씀하셨어요.

종이접기는 수준차도, 선호도도 큰 활동입니다. 어른도 접기 힘든 복잡한 미니카를 종류별로 접을 줄 아는 아이도 있고, 너무 간단한 하트 모양 하나 접는 것조차 힘겨운 아이도 있습니다. 종이접기 실력이 성적이나 아이의 수준을 결정하는 건 아닙니다. 하지만 종이접기 때문에 너무 힘들어하거나, 울음이 터지는 일은 없었으면 합니다.

얇고 작은 색종이를 각 맞추어 접으려면 꽤 수준 높은 조작 능력이 필요합니다. 또 선생님이나 종이접기 책의 안내대로 순서에 맞게 접는 것도 1학년 아이들에게는 어려울 수 있습니다. 아이가

통합교과 《탐험》 종이접기 활동

종이접기 시간을 싫어하지 않을 정도로, 손힘을 기를 수 있을 정도로 가정에서 놀이 삼아 자주 접해보기를 권합니다.

1학년 교과서에 나오는 종이접기의 수준은 간단합니다. 하지만 서너 번째 단계로 접어들면 못하겠다고 말하는 아이들이 나타나기 시작합니다. 너무 복잡하지 않은 수준의 종이접기를 책이나 영상을 통해 종종 해보는 것도 좋습니다.

글쓰기의 기초, 일기 쓰기

일기 쓰기는 글쓰기의 기초가 됩니다. 있었던 일과 자신의 감정을 글로 쓰는 것은 가장 쉽게 글쓰기에 접근하는 방법이죠. 1학년은 2학기가 되면 국어 시간에 일기 쓰기를 배웁니다. 이전 교육과정에서는 1학기 말경에 일기 쓰기를 배웠지만, 너무 이르다는 의견이 많아 2학기로 조정되었거든요. 사실 일기 쓰기라 해도 거창하게 쓰기 활동을 하지는 않습니다. 날짜, 날씨, 제목 쓰는 법을 배우고 겪은 일을 두세 문장 정도 적어보는 수준입니다. 한 단원에 걸쳐 차근차근 학습하기 때문에 생각보다 힘들어하지도 않고요. 물론 일부 아이들에게는 곤혹스러운 시간이기도 합니다. 말은 재잘재잘 잘해도 글로 옮기기 힘들어 하는 아이들이 꽤 있거든요.

학교에서 일기 쓰는 법을 배우고 나면 선생님께서는 일기 쓰기 숙제를 내주실 거예요. 일기 쓰기 숙제, 여간 신경 쓰이는 게 아닙니다. 담임선생님에게 검사를 받는다고 생각하니 잘 써야 할 것 같기도 합니다. 어느 정도 수준으로 써야 하는지, 잘 쓰는 방법을 몰라 아이와 헤매기도 합니다. 쓰기 싫어하는 아이를 억지로 앉힐 때면 한숨이 절로 납니다.

아이 숙제이자 부모 숙제 같기도 한 일기 쓰기, 조금 더 재미있고 풍성하게 쓰는 방법을 알려드릴게요.

그림일기로 시작하기

그림일기를 쓸 때는 글에 더 중점을 두고 쓰는 게 좋습니다. 그림을 그리다가 막상 글을 쓸 때 이미 글쓰기 에너지가 바닥나면 곤란합니다. 그리기 칸에 부담을 느끼는 아이도 있어요. 종이접기나 사진으로 그림을 대신해도 좋아요. 꼭 그리기로 칸을 메우지 않아도 괜찮습니다. 완벽한 그림을 그려야 한다고 강요하지 마세요. 단지 자신이 전달하고자 하는 생각만 드러나면 100점입니다.

그림일기는 예술적으로 얼마나 완성도 높은 그림을 그렸느냐가 중요하지 않습니다. 그림을 통해 생각을 표현하는 것에 목적을 두는 것입니다. 그러니 꼬마 작가에게 간섭하지 마세요. 즐겁게 쓰는 게 어디예요? 아이가 편안하게 일기 쓰기를 시작할 수 있도록 이렇게 말해주세요.

"일기는 나의 역사를 모으는 일이야."

"오늘의 작은 추억을 소중하게 남겨두자."

일기는 자유로워야 합니다

일기는 표현력을 기르는 데도 좋지만, 자신의 감정을 깊게 생각해 볼 기회가 되기도 합니다. 따라서 날짜와 날씨, 있었던 일을 쓰는 것이 일기의 전부가 아니어야 합니다. 일상을 기록하는 이유는 추억을 기억하기 위해서임을 알려주세요. 누군가에게 검사받기 위한 글쓰기가 되지 않아야 합니다.

일기 쓰기를 단지 빈칸을 메워야 하는 '숙제'에서 그 의미를 확장시켜주세요. 일기 쓰기는 글쓰기의 시작이자 가장 편한 글쓰기로 여겨야 합니다. 그러기 위해서는 잘 써야 한다는 강박, 숙제라는 강박에서 벗어나야 해요. 엄마 아빠의 지난 날의 기록들을 보여주는 것도 좋습니다.

일기를 쓸 수 있게 된 것은 한 뼘 더 성장함을 의미합니다.

"이만큼이나 자라서 일기를 쓸 수 있다니, 정말 멋지다! 축하해!"

처음 일기장을 펼친 아이에게 진한 축하 인사를 전해주세요. 일기 쓰기에 조금 더 의미를 부여해주는 행위입니다. 일기를 잘 쓰는 기술을 알려주는 것보다 일기 쓰기가 얼마나 멋진 일인지 알려주는 것이 우선이 되어야 합니다.

일기는 자유로워야 합니다. 잘 쓰고 못쓰고에 관계없이 쓰는 행위가 칭찬받을 만한 일이지요. 일기는 간섭이 없어야 합니다. 검사받기 위한 글이 아니어야 합니다. 누군가에게 검사받기 위한 일기가 아니라 나를 기록하는, 나를 위한 일기라면 생각보다 재미있게, 나아가서는 진지하게 적을 수 있게 됩니다.

더 쉽고 풍부하게 쓰는 10가지 방법

"쓸 게 없어요."

일기를 쓰자고 하면 어김없이 듣는 말입니다. 그래서 "이걸 쓰자, 저걸 쓰면 어떨까?" 하며 일기 전쟁이 시작됩니다.

"뭐라고 쓸지 모르겠어요."

가까스로 글감을 찾고 나니 뭐라고 써야 할지 모르겠다고 합니다. 몇 문장 불러주다가 결국 화가 폭발합니다. 일기 숙제를 내준 담임선생님이 원망스럽기도 합니다.

어느 가정 할 것 없이 일기 전쟁은 초등학생이 거치는 통과 의례 같습니다. 이 과정 중에서 글쓰기에 재미를 붙이는 아이들이 생기기도 하고요. 하지만 글쓰기 방법을 모른 채 펼치는 빈 공책은 그저 막막하기만 합니다. 아이가 일기를 쓰기 시작한다면 더 쉽고 풍부하게 일기 쓰는 10가지 방법을 차근차근 알려주세요.

◇방법1. 쓸거리 찾기

매일 똑같은 일상이 반복되다 보니 쓸 게 없다고 말하는 아이들이 참 많습니다. 그냥 "일기 써야지"라고 지시한다면 아이는 쓸 게 없다는 말만 되풀이할 게 뻔합니다. 주말에 캠핑을 가지 않아서, 집에서 온종일 뒹굴기만 해서 쓸 게 없다고 투덜거립니다. 하지만 특별한 이벤트를 글감으로 삼을 때보다 평범한 일상 속에서 글감을 찾을 수 있는 것이 멋진 능력임을 알려주세요.

아이가 일상 속에서 글감을 찾을 수 있도록 있었던 일을 떠올리는 과정에 함께해주세요. 이 과정 속에서 아이의 생활을 들여다

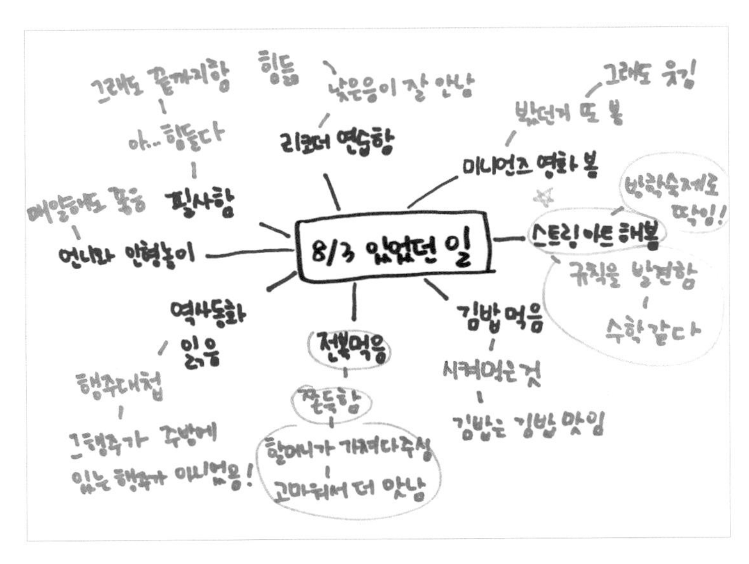

브레인스토밍

볼 수도 있으니까요. 쓸거리, 즉 글감을 찾을 때는 브레인스토밍brainstorming이나 생각그물mind mapping 그리기를 한 뒤, 그중 한 가지를 고르도록 합니다.

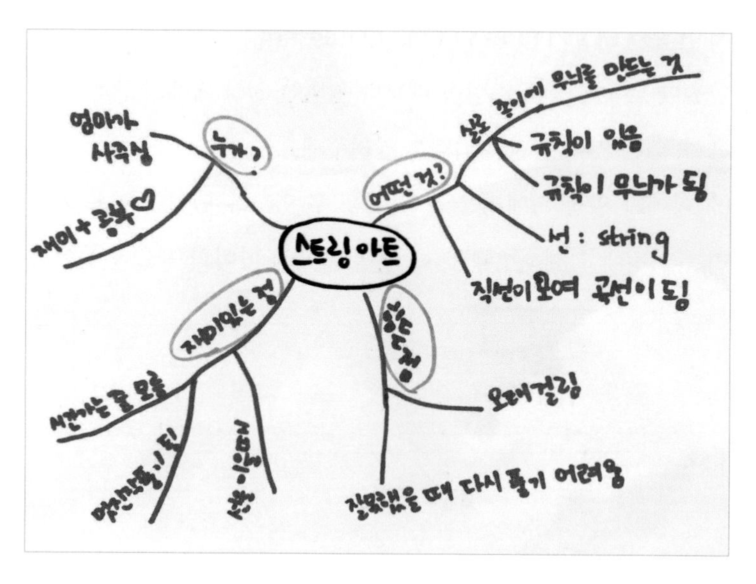

생각그물

브레인스토밍, 생각그물, 이런 단어를 쓰면 뭔가 전문적인 듯 들리지요? 특별한 교수 방법이 아닙니다. 쉽게 생각해서 아이디어를 내기 위한 대화의 한 갈래입니다. 브레인스토밍은 자유롭게 이야기를 하는 동안 다양한 아이디어를 찾는 자유 연상법이고, 생각그물 그리기는 특정 주제에 대한 떠오르는 아이디어를 시각적으로 표시하는 활동입니다. 어떤 형태라도 상관없어요. 그냥 자유롭게 있었던 일을 이것저것 적다 보면 다양한 글감이 나올 수 있습니다.

• **아이** : "엄마, 뭘 적어야 할지 모르겠어요."

• **엄마** : "오늘 어떤 일이 있었는지 떠올려보자. 엄마가 메모해 볼게. 우리 오늘 뭐 먹었더라? 오늘 뭐했더라?"

• **아이** : "김밥도 먹고, 전복도 먹었어요. 언니랑 스트링아트도 했고, 〈미니언즈〉 영화도 봤어요."

• **엄마** : "오늘 있었던 일을 적으니 이만큼이나 되었네! 이 중에 어떤 것을 일기로 적을까?"

• **아이** : "스트링아트 한 걸 적을래요."

• **엄마** : "스트링아트가 어떤 건지, 스트링아트를 어떻게 하게 되었는지, 하면서 재미있었던 점, 어려웠던 점도 적으면 좋겠다."

아이가 아직 쓰기가 익숙하지 않을 수 있으니 이렇게 이야기를 나누며 엄마가 대신 글감을 메모해주어도 됩니다.

◇방법2. 한 줄 쓰기

한 줄 쓰기가 시작입니다. 한 줄 없이는 두 줄이 없다는 사실을 명심해야 합니다. 한 줄을 쓸 수 있어야 논리적인 글로 나아갈 수 있습니다. 문장 쓰기를 어려워한다면 그림에 말풍선 형식으로 간단히 적는 것부터 시도해보세요. 그다음은 두 줄에 도전해봅니다. 있었던 일 한 문장, 생각 한 문장으로 나아갈 수 있습니다. 이때는 사실과 내 생각을 구분 지어 보세요.

◇방법3. 날씨 표현하기

보통 날씨 표현을 할 때 맑음, 비, 바람, 흐림 등과 같은 표현을 사용합니다. 하지만 날씨는 이모티콘(그림)이나 해, 구름, 비, 바람과 같은 단순 표현을 지양해야 합니다. 날씨 표현은 비유법을 연습할 수 있는 좋은 소재가 되기 때문이죠. 직유와 은유의 경우는 5학년 이상의 고학년에서 배우는 시적 표현이기는 하지만 중·저학년도 충분히 표현할 수 있습니다.

- 구름의 눈물샘에 문제가 생긴 듯하다.
- 이 정도면 그칠 만도 한데 온종일 울고 있는 하늘을 올려다보니 내 마음도 젖어온다.
- 구름이 내 몸을 감싼 듯이 온몸이 축축하다.
- 땅 위에 작은 시냇물이 생긴 비 오는 날이에요.
- 아이스크림을 입에 물고 머리에는 얼음팩을 올린 뒤 냉장고에 몸을 넣는다면 오늘의 날씨를 견딜 수 있을까?
- 눈앞에 촉촉한 연기가 자욱한 날
- 벚꽃 눈이 내리던 날

어떤가요? 날씨 표현 속에 생명력이 느껴지나요? 이렇게 관찰한 날씨를 시적으로 표현하는 습관을 지니면 좋습니다. 어떤 아이는 날씨를 표현한다는 게 그만 하나의 일기가 되었다는 경우도 있습니다.

◇방법4. 제목 표현하기

책을 고를 때도 제목을 먼저 보고 손이 가듯이 어떤 글이든 글의 이미지를 만드는 건 제목의 역할이 큽니다. 예를 들어 '축구 연습'이라는 제목을 조금 더 매력적인 제목으로 고쳐 쓴다면 '축구 연습' 앞에 꾸며주는 말을 덧붙일 수도 있고 뒤에 서술어를 붙일 수도 있습니다.

'땀이 뻘뻘 축구 연습' 또는 '축구 연습은 힘들어'라고 고쳐서 내용을 짐작하게 할 수 있습니다. 제목은 꼭 먼저 쓸 필요는 없습니다. 내용을 다 적고 나서 어울리는 제목을 적어도 괜찮아요.

◇방법5. 감정 단어 사용하기

감정 단어를 많이 알수록 일기가 풍부해집니다. 매번 '재미있었다' '재미없었다'라는 마무리에서 수준을 높일 수 있습니다. 아이들은 '좋았다/안 좋았다' '재미있었다/재미없었다' '기뻤다/슬펐다'와 같이 사람의 분화된 감정을 이원화하여 표현하는 경우가 많습니다. 분명 그 순간의 감정은 '짜릿하고 가슴 벅차다'였으나 글 표현은

'좋았다'에 그치는 거죠.

내 감정을 구체적으로 표현하기 위해서는 다양한 감정 단어를 알고 적절히 사용할 수 있어야 합니다. 일기장 앞이나 뒤에 다양한 감정 단어 예시를 붙여두고 적절히 찾아 사용하는 것도 한 가지 방법이 될 수 있습니다.

'어디든학교' 블로그

'학습자료방'에 들어가면 일기 쓰기 참고 자료들이 올라와 있습니다. 아이가 일기 글감을 찾기 어려워한다면 '1학년 주제 일기 쓰기 목록'을 참고해 관심이 갈 만한 주제를 제안해주세요. 또 기쁨, 슬픔, 분노, 고통, 공포 등 다양한 감정 단어를 정리한 '감정 사전'을 참고해 아이가 풍부한 어휘로 일기를 쓸 수 있도록 도와주세요.

◇방법6. "큰따옴표"와 '작은따옴표' 사용하기

실제로 나눈 대화나 나의 '마음의 소리'를 글로 옮겨 적어보면 일기 글이 훨씬 풍성해집니다.

• 따옴표를 사용하지 않은 일기

점심을 적게 먹어서인지 저녁 먹을 시간이 되지도 않았는데
배가 고팠다.
엄마한테 먹을 것을 찾으니 먹다 남은 우유를 마시라고 해서
나는 우유 말고 다른 것을 찾아보았다.

• **따옴표를 사용한 일기**

점심을 적게 먹어서인지 저녁 먹을 시간이 되지도 않았는데
배에서 "꼬르륵" 소리가 났다.
"엄마, 먹을 거 없어요?"
설거지하고 계시던 엄마는 뒤를 돌아보셨다.
"냉장고에 먹다 남은 우유 있으니까 꺼내 먹어."
엄마는 이렇게 말씀하시며 남은 설거지를 마저 하셨다.
나는 마음속으로
'쳇, 우유가 맛없으니깐 남긴 건데 그걸 또 마시라고?'라고
생각하며 우유를 옆으로 치우고 냉장고를 뒤졌다.

표현력의 차이가 실감 나나요? 이렇게 따옴표를 활용하면 얼마든지 풍성한 일기 글을 적을 수 있습니다.

◇방법7. 오감 표현 사용하기

시각, 청각, 촉각, 후각, 미각의 오감 표현은 상황을 구체적이고 실감 나게 쓸 수 있는 또 하나의 방법입니다. 본 것, 들은 것, 피부로 느낀 것, 맡은 냄새, 맛본 것 등을 골고루 넣는다면 자연스럽게 의성어와 의태어가 포함되기도 합니다.

• 오감 표현을 사용하지 않은 일기

아빠와 함께 라면을 끓여 먹었다. 다 먹고 치웠다.

엄청 맛있었다. 다음에 또 먹고 싶다.

• 오감 표현을 사용한 일기

아빠와 함께 ○○라면을 끓였다.

냄비에서 보글보글 끓는 라면에 군침이 돌았다.

라면은 정말 맛있게 요리되어서 젓가락으로 건져진 면발이

엄마의 파마머리처럼 탱글탱글했다.

입으로 들어오기 직전에 내 코로 먼저 들어온 라면의 향은

정말이지 기가 막혔다.

매운 음식을 좋아하는 나에게는 딱 알맞은 맵싸함이었다.

김치가 필요 없을 정도의 완벽한 맛이었다.

또 다른 어떤 날에 오늘의 이 라면을 만날 수 있겠지?

그날이 기대된다.

◇방법8. 하나의 일을 자세히 적기

일기 검사를 하다 보면 하루를 어떻게 보냈는지 빠짐없이 기술한 일기를 만나기도 합니다.

'아침에는~, 점심에는~, 저녁에는~ 그리고 씻고 잤다.'

일기의 수준을 설명할 때 가장 먼저 예시로 드는 일기 글입니

다. 이렇게 여러 사건을 한 일기에 다 담으려고 한다면 하수의 일기입니다. 한 가지 사건을 적으려고는 했지만 긴 시간 사이의 일들을 적었다면 중수의 일기고요. 한 가지 사건, 그것도 찰나의 사건에 대한 내 감정을 자세히 적었다면 고수의 일기입니다.

◇방법9. 입말을 글말로 변환시켜주기

생각을 글로 변환하는 과정은 수준 높은 사고 활동입니다. 글을 쓰면서 생각이 정리되기도 하지요. 하지만 많은 아이들이 이 과정을 힘들어합니다. 더군다나 한글 쓰기가 미숙하다면 더욱 어렵지요. 글자를 떠올리다가 쓸 내용을 생각하던 게 자꾸 멈춥니다. 이럴 때는 말을 글로 바꿔보는 것부터 시작해보면 좋습니다. 만약 말을 글로 변환시키는 과정을 아이가 어려워한다면 엄마가 대신 아이의 입말을 글말로 적어주는 것도 괜찮습니다.

"네가 한 말이 이렇게 글로 바뀔 수 있단다."

말이 글로 바뀔 수 있다는 것을 보여주는 거예요. 이 수준의 아이는 글말을 자연스러운 문장으로 다듬는 것만으로도 충분합니다. 이렇게 충분히 연습하면 아이 스스로 자신의 입말을 글말로 적을 수 있게 됩니다.

◇방법10. 다시 읽기 → 고쳐 쓰기 → 바꿔 읽기

• 다시 읽기

많은 아이들이 일기를 쓰고는 곧장 "다 썼다"를 외치며 빛의 속도로 공책을 덮어버립니다. 하지만 쓰기만 한 글은 완성이 아님을 알려주세요. 글쓰기의 완성은 '퇴고'입니다. 일기가 아니더라도 자신이 쓴 모든 문장이나 글은 무조건 다시 읽어봐야 합니다.

• 고쳐 쓰기

고쳐 쓰기 과정에서는 자신이 쓴 문장을 소리 내어 읽어보도록 하세요. 읽었을 때 어색한 부분은 고치면 됩니다. 그러면 진짜 "다 썼다"를 외쳐도 되는 거지요.

다시 읽는 과정에서 글로 표현된 나의 경험과 감정을 읽는 재미를 느끼기도 하고, 부족한 부분을 채우기도 합니다. 이때 많은 아이들이 주로 간략하게 글을 쓰기 때문에 삭제할 부분보다 보충할 부분을 더 많이 발견하게 됩니다. 고쳐 쓸 때는 모양이나 소리를 흉내 내는 말을 더 넣을 수 있고, 따옴표를 활용한 문장을 추가할 수도 있습니다.

• 바꿔 읽기

고쳐 쓰고 나면 학교에서는 친구들과 바꿔 읽기도 하는데 이 과정을 거치면서 타인 이해 및 공감 능력도 키울 수 있습니다. 가정에서는 어떻게 바꿔 읽기를 하면 될까요? 바꿔 읽기를 하기 위해 부모도 일기를 억지로 써야 할까요? 우리도 의식적이지는 않지만 수시로 일기를 쓰고 있습니다. 각종 SNS나 블로그와 같은 곳에 나의 일상과 육아에 관한 짧은 기록을 하고 있다면 그것이 바로 일기입니다. 일기를 쓰는 방법과 도구는 다르지만 똑같은 사건에 대해 각자의 방법대로 일기를 쓰고 있는 거지요. 부모의 짧은 기록을 아이의 일기와 바꿔 읽어보세요. 그날 엄마의 육아는 얼마나 힘들었는지, 너의 작은 몸짓에 얼마나 행복했는지 아이가 엄마의 마음을 읽을 수 있는 값진 기회가 될 거예요. 가족끼리 일기를 바꿔 읽는다면 가족 간의 관계 향상을 도울 수 있으니 꼭 해보기를 바랍니다.

재미있게 쓰기 위한 3가지 주의점

"엄마 이거 맞아요?"

"글자를 모르겠어요."

"'좋았다'를 못 적겠어요. 써주세요."

이렇게 말하며 엄마를 귀찮게 하기도 합니다.

"틀려도 되니까 그냥 소리 나는 대로 적어봐."

엄마는 대답하지만, 아이들은 여전히 머뭇거립니다. 맞춤법에 자신감이 없기 때문이지요. 특히 완벽주의 아이들은 글자를 틀릴까 봐, 어떻게 적어야 할지 몰라 소리 나는 대로 적을 수가 없습니다. 이런 아이들은 글쓰기의 재미를 느끼기도 전에 지치기도 합니다. 글쓰기의 매력에 빠지기 위해서는 부모가 절대 해서는 안 되는 3가지 행동이 있습니다.

◇주의점① 맞춤법 지적하지 않기

아직 한글 쓰기가 완벽하지 않아 쓰고 싶은 말은 많은데 맞춤법이 틀릴까 봐 문장을 잘 쓰지 못하는 아이들이 많습니다. 이 경우에는 아이 곁을 지켜주세요. 그리고 아이가 물어보는 글자를 친절히 알려줘서 쓰는 속도를 높여주세요. 맞춤법에 막혀 문장을 써 내려갈 수 없다면 일기를 쓰는 근본적인 목적이 글쓰기 실력이 아니라 글자 쓰기 실력을 키우는 것으로 목적이 전도될 수 있습니다. 조금 귀찮더라도 그때그때 알려주세요.

또 아이가 다 적은 일기장을 부모가 첨삭해준다며 제일 먼저 손대는 부분이 맞춤법이면 곤란합니다. 특히 1학년은 더더욱 그렇고요. 고학년의 경우는 고쳐주기보다 말로 알려주고 스스로 고칠 기회를 주도록 하세요.

맞춤법이 틀려도 수용해주는 융통성이 필요한 때입니다. 특히 글을 쓰는 과정에서 틀리게 쓰는 모습을 발견할 때 곧바로 지적하는 것은 금물입니다. 글을 쓸 때 부모가 끼어들게 되면 생각이 흩어져버리지요. 다시 생각을 모으는 데 불필요한 에너지를 쓸 필요가 없습니다. 맞춤법에 맞게 쓰는 것보다 표현하는 것에 초점을 두세요.

◇주의점② '매일'의 강박에서 벗어나기

그날그날 꼬박꼬박 적어야 한다는 강박을 가지고 일기를 쓰게 하는 것이 일기 쓰기를 귀찮은 숙제로 전락시킵니다. 특히 잠자리에 들어야 하는 늦은 시각에는 절대로 일기를 쓰게 하지 마세요. 일기는 굳이 그날의 일이 아니더라도 쓸 수 있고 하루 중 언제든 써도 무방합니다.

잠자기 전에는 씻고 다음 날을 미리 준비해두며 조용히 몇 페이지의 책을 읽은 뒤 눈을 감아야 합니다. 일기를 쓰는 데 얼마나 시간이 걸릴지 모르는데 일기장을 붙잡고 씨름하면 곤란합니다. 잠잘 시간이 촉박하게 다가올수록 일기의 마무리는 "참 재미있었다"로 마침표를 찍고 성의 없이 마무리될 가능성이 커요. 일기는 하루 중 가장 여유로운 시간에 편안한 마음으로 적도록 하세요.

◇주의점③ 일기 쓰기 루틴 만들기

글쓰기, 특히 일기 쓰기는 규칙적으로 하는 것이 좋습니다. 예를 들어 주중에 한 번, 금요일, 이렇게 아이와 의논하여 일기 쓰기 루틴을 만들어보세요. 일요일 저녁에 학교 갈 준비를 하며 일기를 쓰는 아이들이 많습니다. 하지만 가급적이면 일요일 저녁은 피하는 게 좋습니다. 아이들에게도 월요병이 찾아오거든요.

월요일 1교시는 주중 아이들이 가장 축 처져 있는 시간입니다. 일요일 저녁이 가장 우울한 날이었다고 말하는 아이들도 있어요.

안 그래도 휴일의 여운이 가시지 않아 월요일이 찾아오는 것이 우울한데 아이들에게 일기장까지 내밀 필요는 없습니다. 일기는 남녀노소 누구나 설레는 금요일에 쓰는 것도 방법입니다. 주중에 있었던 일을 기분 좋게 일기로 마무리한다면 남은 주말이 더욱 신날 거라고 덧붙이면서 말이죠.

일기 쓰기의 목적은 일상의 기록이기도 하지만 초등학생에게는 글쓰기 근력을 기르는 것이 더 큰 목적입니다. 그러니 일기 쓰기 숙제가 귀찮고 신경 쓰이더라도 규칙적으로 글을 쓸 수 있는 좋은 기회로 여겨주세요. 귀찮음을 극복하고 멋진 습관이 될 수 있도록 바르게 코칭하고 격려해주는 것이 우리 어른의 역할이니까요. 처음에는 일기가 글쓰기의 도구처럼 여겨질 수 있지만, 궁극적으로는 내 감정의 보물창고가 되기도, 감정 쓰레기통의 역할을 하기도 하는 오롯이 나를 기록하는 것이어야 합니다.

TIP

독서록 쓰기

혹시 부모님들은 최근 읽은 책을 기록하고 있나요? 사실 읽은 책에 대해 기록하는 것은 어른들에게도 쉬운 글쓰기는 아닙니다. 1학년 아이들은 오죽할까요? 1학년 수준에서의 독서록은 '기록'에 의미를 두세요. 내가 오늘 읽은 책이 무엇인지, 지은이가 누구인지, 얼마나 재미있었는지 정도를 기록하는 정도면 충분합니다.

어느 정도 쓰는 속도가 붙고 한두 문장쯤은 쓸 수 있을 때, 책 내용 중 기억에 남는 문장 한 줄을 골라 필사를 해봅니다. 그런 다음 그 문장이 마음에 든 이유나 내 생각 등을 간단히 적으면 자연스럽게 하나의 독서록이 완성됩니다. 처음이라면 다음의 '책 읽고 한 줄 쓰기' 방법을 적절하게 활용해보세요.

책 읽고 한 줄 쓰기

다음 표에서 쓰고 싶은 '활동'을 골라서 한 줄 글쓰기로 표현해보세요.

1	2	3	4	5
감동적인 대사! (한 문장 필사)	가장 기억에 남는 한 장면!	주인공에게 할 말 있어요.	새로 알게 되었어요.	궁금해요. 질문 있어요.
6	**7**	**8**	**9**	**10**
본받고 싶어요.	제목 바꿀래요.	나라면 다르게 쓸 거예요.	뒷 이야기를 상상해봤어요.	나의 생각과 느낌은?

책 제목		지은이	
한 줄 쓰기			

매일매일 빠지지 않고 책을 읽은 행동을 칭찬해주고, 독서와 더불어 기록도 꾸준히 한다면 더 큰 칭찬을 해주세요.

줄거리를 요약하고 감상을 적는 방법이 기본적인 독후 감상문의 양식이지만 이 방법만 강요한다면 글쓰기에 지루함을 느낄 수 있습니다. 그래서 다양한 양식과 방법으로 독후 활동을 유도하는 것이 좋습니다.

다음은 초등 저학년 때 주로 하는 독후 활동 방법입니다. 이 중에서 아이가 좋아하는 방법을 찾아 상황에 맞게 바꿔가면서 활용해보세요.

다양한 독후 활동 방법 리스트

독후 활동	활동 방법
독서 감상화	책을 읽고 인상 깊었던 장면을 그림으로 표현해보세요.
독서 만화	책을 읽고 인상 깊었던 장면을 만화로 그려보세요.
이런 책 사세요	책을 읽고 재미있었던 부분에 대한 사진을 붙이거나 그림을 그려서 친구들에게 알려보세요.
친구야! 이 책 읽어봐	책을 읽고 친구에게 추천하는 내용의 편지를 써보세요. 어떤 내용인지 소개하는 과정에서 자연스럽게 줄거리 간추리기를 할 수 있어요.
내가 작가라면	내가 작가가 되어서 뒷이야기를 상상해서 이어 써보거나, '이렇게 하면 더 재밌을 것 같다' 싶은 내용을 적어보세요.
다르게 생각해봐요	책을 읽고 잘못된 점, 부족한 점, 고쳤으면 하는 점에 대해 써봐요.
주인공을 인터뷰했어요	책을 읽고 기자가 되어 주인공이나 등장인물을 인터뷰해보세요. 내가 기자가 되어 묻고, 다시 등장인물이 되어 대답해보면 더 재밌겠죠?
친구와 함께 독서 토론	친구와 같은 책을 읽으면 그 책에 대한 각자의 생각을 나누어볼 수 있어요. 찬성과 반대 입장에서 토론해도 좋답니다.
독서 편지, 독서 동시	책을 읽고 난 후 줄거리, 읽게 된 동기, 느낀 점 등을 편지나 동시 형식으로 써봐요.
독서 스무고개	책의 제목, 주인공, 줄거리 등을 답으로 하여 스무고개를 만들어보세요.

마인드맵	책을 읽고 마인드맵을 작성해보세요.
칭찬 릴레이	잘한 일, 용기 낸 일, 꿈과 희망을 키운 일 등 주인공이나 등장인물을 응원하고 칭찬해보세요.
등장인물 그리기	등장인물을 그리고, 책 제목, 지은이, 주인공 이름만 간단히 적어보세요.
책 속 인물에게 편지 쓰기	마음에 드는 등장인물에게 편지를 써봅니다. 책에서 받은 감동과 등장인물에게 하고 싶은 말을 써보세요.
작가에게 편지 쓰기	책을 쓴 작가에게 하고 싶은 말을 편지 형식으로 써보세요.
독서 퀴즈 만들기	책을 읽어야만 풀 수 있는 문제를 만들어보세요. 예를 들어, '이 책의 주인공 이름은?' 같은 질문이 있겠지요.
내가 만든 광고문	이 책을 권하는 이유를 쓰고 그림이나 사진을 곁들여 광고문을 꾸며보세요.
나도 작사가	책의 줄거리나 느낀 점을 노래 가사로 만들어 평소 좋아하는 노래에 가사만 바꾸어 불러보세요. 직접 작곡해서 불러봐도 좋아요.
책 표지 디자인하기	내가 북디자이너라면 이 책의 표지를 어떻게 만들지 생각해보고 표지를 디자인해보세요.

받아쓰기

1, 2학년 아이들을 둔 가정에서는 받아쓰기 시험 전날이면 전쟁 아닌 전쟁을 치르곤 합니다. 몇 번을 연습시켜야 100점을 받아올지, 전전긍긍하며 늦은 밤까지 애를 잡는 날도 있습니다. 몇 번 써라, 왜 틀린 거 또 틀리냐, 틀린 문장은 다시 몇 번 써라, 내일 100점 받으면 엄마가 뭐 해줄게, 하면서 말이죠. 그리고 하교한 아이에게 "오늘 받아쓰기 몇 점 받았어?"라는 질문이 가장 먼저 나옵니다. 당연히 궁금하죠.

100점 만점에 몇 점이라는 점수가 아이, 부모 할 것 없이 조바심 나게 만듭니다. 요즘에는 유치원 7세 반이 되면 초등 입학 준비 공부로 받아쓰기를 하는 유치원도 있다고 하더군요. 100점 만점에 몇 점, 이렇게 점수가 나오는 시험이 많지 않다 보니 받아쓰기 점수가 아이의 학습 수준의 척도가 된 것 같기도 합니다.

받아쓰기 시험이 있는 날 학급의 분위기는 알 수 없는 전운이 감돕니다. 아이들은 1교시부터 시험 치기를 요구합니다. 시험을 앞둔 스트레스 상황에서 빨리 벗어나는 방법을 알고 있는 거지요.

받아쓰기는 담임선생님의 교육관에 따라 하는 방법과 실시 여부에 차이가 있습니다. 그 이유는 받아쓰기가 개정교육 과정에서 필수 학습은 아니기 때문입니다. 하지만 하나의 한글 학습 방법이기 때문에 많은 학교, 많은 선생님이 활용하고 있습니다. 그런데 문제는 받아쓰기 시험이 아이들과 부모님들께는 굉장한 스트레스로 다가온다는 사실입니다. 최근에는 받아쓰기에 대한 반대 민원이 교육청에 들어와서 무리한 받아쓰기 교육을 지양하라는 공문이 각 학교로 전달되기도 했으니까요.

하지만 우리가 꼭 기억해야 하는 사실이 있습니다. 받아쓰기의 목표는 한글 떼기일 뿐이라는 것이죠. 그 이상도, 그 이하도 아닙니다. 아이의 잠재력과 가능성을 받아쓰기 시험 결과로 확인할 수 있는 것도 아닙니다. 그러니 너무 받아쓰기 점수에 연연하지 않아도 됩니다.

받아쓰기 공부법

받아쓰기라는 학습 방법이 조금 더 효과를 볼 수 있도록 몇 가지

팁을 드리도록 할게요. 2학기가 되면 받아쓰기 급수표를 받습니다. 급수표를 구성하는 내용을 보면 어떤 급수표는 국어 교과서 지문 중 일부분을 추려서 정리되어 있고, 또 어떤 급수표는 받침자 없는 단어 위주에서 이중모음 단어, 받침자가 있는 단어, 그리고 문장까지 한글 학습 단계에 따라 올라가는 양식으로 구성되어 있기도 합니다.

사실 급수라는 표현은 후자의 경우에 더 적합하겠죠. 두 가지 급수표 내용 다 장단점이 있습니다. 교과서의 내용을 상기시키기에는 전자의 방법이 좋겠지만 한글 해득 초기 단계의 학생이라면 낱글자의 난이도가 혼재되어 있어서 어려울 수 있습니다. 제 개인적으로는 후자의 방법, 한글 학습 순서에 따라 진행하는 것을 선호합니다. 아이들이 어려워하는 단계가 직관적으로 보이거든요.

이 책의 마지막에 교과서 지문 중 일부분을 추려 정리한 받아쓰기 급수표를 부록(※380쪽)으로 수록해두었습니다. '어디든학교' 블로그에 한글 학습 단계별로 정리한 받아쓰기 급수표도 올라와 있으니 아이의 수준에 맞게 적절히 활용해보시기 바랍니다.

메타인지 받아쓰기 학습법

받아쓰기는 암기력을 평가하는 것이 아닙니다. 단지 한글 낱자의 소릿값을 잘 익혔는지 확인하는 과정일 뿐입니다. 어떤 양식으로 공부하든 가장 중요한 건 메타인지를 자극하며 공부하는 것입니다. 생각에 대한 생각, 인지에 대한 인지, 즉 내가 무엇을 알고 모르는지를 아는 능력이 메타인지 능력입니다. 학령기의 아이들이 유아기의 아이들과 확연히 차이를 보이는 여러 능력 중 하나가 메타인지 능력입니다. 메타인지 능력은 초등 시기에 급격하게 발달하기 때문이지요.

구체적인 받아쓰기 학습법을 안내해드릴게요. 먼저 일반적인 방법을 살펴보면, 급수표를 보며 몇 차례 연습을 시킵니다. 한두 차례 쓰게도 하고, 또 몇 번 읽히기도 하고요. 연습이 끝나고 나면 "급수표는 덮자. 엄마가 불러줄 테니 적어봐"라고 합니다. 아이가 적은 것을 확인해보면 틀린 게 나오기도 합니다. 그러면 틀린 문제를 다시 몇 번 적도록 합니다. 부모님에 따라서는 한 번 더 시험을 보기도, 또는 다음 날 운명에 맡기기도 하고요.

하지만 메타인지를 활용해서 받아쓰기 공부를 한다면 약간의 순서가 달라집니다. 받아쓰기는 말 그대로 듣고 받아쓰는 활동입니다. 그래서 급수표의 문장을 몇 차례씩 쓰면서 힘 빼지 않아도 됩니다. 바로 불러주는 거지요. 연습 없이 수준을 체크하는 과정인 거예요. 불러줄 때는 천천히 자연스럽게 읽어주면 됩니다.

어떤 부모님은 한 글자씩 따로 불러주기도 합니다. 하지만 아이가 한 단어, 더 나아가서 한 문장을 의미 단위로 묶는 청킹을 할 수 있도록, 처음부터 자연스럽게 문장을 듣고 이해할 수 있도록 해주세요. 받아쓰기는 기억력 테스트가 아니기 때문에 두세 차례 더 불러줘도 괜찮습니다.

다 적고 나면 아이와 함께 맞고 틀린 부분을 확인합니다. 이 과정에서 아이와 함께하는 이유는 자신이 아는 것과 모르는 것을 구분해볼 수 있도록 하기 위해서입니다. 특히 아는 것보다 모르는 것에 더 집중할 수 있도록 틀린 것을 아이와 함께 강조하고 표시하도록 합니다. 틀린 것을 눈에 띄게 표시하는 것은 단지 연습 과정이기 때문에 개의치 말라는 말과 함께요. 아이에 따라 틀린 것을 강조하는 것을 극히 싫어하기도 하니까요.

맞힌 문장 중에서도 정확히 모르는 게 있을 수 있습니다. 헷갈릴 만한 것은 함께 표시하도록 합니다. 헷갈리는 것은 잘 아는 것이 아니라고 알려주면서요. 이런 학습 경험이 메타인지를 자극시켜주는 거예요.

잘 모르거나 헷갈리는 글자를 집중해서 공부한 뒤 다시 불러주는 단어나 문장을 받아 적도록 합니다. 이때도 천천히 두 차례 정도 불러주는데요, 혹시 문장이 너무 길거나, 아이가 잘 모르는 글자가 더 많은 경우에는 헷갈리는 글자만 비워두고 그 부분만 채워 넣도록 해도 괜찮습니다. 내가 모르는 것에 더 집중할 수 있거든요.

학교에서 받아쓰기를 채점할 때, 가정에서 공부하거나 연습한 부분과 실제로 학교에서 시험을 친 부분을 비교해보면 많은 아이들이 틀린 문장을 또 틀리는 경우가 많습니다. 내가 아는 것과 모르는 것을 확실히 아는 메타인지의 단계가 꼭 필요한 이유입니다.

받아쓰기 보상

받아쓰기 100점에 선물이나 핸드폰 게임과 같은 보상을 거는 부모님들이 있습니다. 당장은 효과가 있을지 모릅니다. 하지만 너무 남용하지는 마세요. 큰 보상을 걸 만큼 대단한 시험, 아닙니다. 보상이 없더라도 아이들에게 잘 치고 싶은 마음이 충분하거든요. 그것이 내적 동기입니다. 내가 노력한 만큼의 성과가 보상이 됩니다.

받아쓰기를 잘하기 위해서 너무 애쓸 필요는 없어요. 띄어쓰기나 맞춤법은 시간을 가지고 정교화시키면 됩니다. 저는 동그라미만 쳐주고 칭찬해줍니다. 90점, 60점 이런 점수도 의미 없어요. 굳이 틀렸다고 매정하게 사선을 긋지 않아도 맞고 틀리고는 다 알 수 있습니다. 지난주는 60점짜리 학생, 이번 주는 90점짜리 학생은 아니니까요. 결과만 보지 말고 최선을 다한 행동을 많이 칭찬해주세요.

TIP

공부 습관과 공부방 환경 만들기

이제는 초등학생이라고 거창하게 공부방을 마련해주었나요? 진지하게 책상도 새로 사서 넣어주고요. 그런데 멋진 공부 환경보다 더 중요한 게 있습니다. 바로 심리적인 공부 환경입니다. 아이 방을 따로 마련해주었다고 해서 스스로 공부할 거라는 생각은 착각이에요. 공부 습관이 잡히지 않은 저학년 아이를 멋진 방에 혼자 내버려두면 오히려 쉽게 공부를 포기하기도 합니다.

1학년 수준의 어린아이가 공부 습관을 갖기는 쉽지 않습니다. 공부 방법을 익힐 때까지는 부모님의 도움이 필요합니다. 공부를 하나, 안 하나 감시하라는 의미가 아니에요. 곁에서 방법을 익힐 때까지, 습관이 잡힐 때까지 함께할 필요가 있다는 말이지요.

개방된 공간에서 공부하기

초등 저학년 시기에는 방문이 꼭 닫힌 공부방보다 개방된 공간에서 공부하는 것이 좋습니다. 아이가 공부할 때는 매의 눈으로 잘하나 감시하는 것보다 엄마도 해야 할 일을 하세요. 각자의 할 일에 최선을 다하는 시간으로 만드는 거예요. 자연스럽게 책을 읽는 것도 좋아요. 이럴 때는 잠시 핸드폰은 내려두세요.

하루 10분 공부부터 시작하기

'고작 10분 공부하라고?'라는 생각이 들지도 모릅니다. 하지만 매일 10분씩 꾸준히 한다는 것이 누군가에게는 쉽지 않을 수도 있어요. 특히 어린아이라면 말이죠. 학습에 대한 부담감을 느끼지 않을 만큼의 양을 매일, 지속한다면 좋은 공부 습관을 들일 수 있습니다.

그리고 서서히 학습 분량과 시간을 늘려가는 거예요. 어느 날 갑자기 "넌 이제 초등학생이고 공부가 어려워지니까 매일 2시간씩 공부해야 해"라고 비장하게 말하면 실천하기도 쉽지 않을뿐더러 공부 정서에도 문제가 생길 수 있습니다.

첫 시작은 쉽고 가볍되, 조금씩 늘려가는 게 습관 형성의 기본입니다.

공부 습관 만들기 ③ 수학

수 세기와 수 개념 익히기

수학 공부의 첫 시작은 수 세기와 수 개념 익히기입니다. 수 세기와 수 개념을 알아야 연산은 물론이고 그 외의 수학 학습을 순조롭게 이어나갈 수 있습니다.

수 세기와 관련된 1학년 1학기 수학의 성취 기준은 '1에서 50까지의 수를 읽을 수 있다'입니다. 특히 50과 같은 두 자릿수는 여름방학이 다 되어서야 배우지요. 그전에는 대략 한 달가량 1에서 9까지의 수를 읽고 쓰는 공부를 하게 됩니다. 2학기가 되어서야 100까지의 수를 배우고요. 크게 어렵지 않은 공부를 꽤 오랫동안 배우고 익히지요?

제가 만난 학생들 중에 10까지의 수를 세지 못하는 아이는 거의 없었습니다. 10개의 손가락으로 수를 세는 것은 이미 유치원에서도 충분히 갈고 닦았을 테니까요. 1에서 9까지의 수를 이렇게나 오랫동안 공부하는 데는 이유가 있습니다. 바로 '수 개념'을 이해해야 하기 때문입니다.

생활 주변에서 수를 탐색하고, 세상과 수가 어떻게 연결되었는지 이해하는 과정에서 수 개념이 생기게 됩니다. 수학적 사고력의 첫 단추지요. 여기서 기계적인 연산은 중요하지 않습니다. 연산보다 수를 세상과 연결시키는 힘이 사소해 보이더라도 더욱 중요합니다.

구체물로 개념 익히기

수업 시간에 "몇 쪽 펴세요"라고 안내하는 일이 잦습니다. 이때 능숙하게 펴는 아이가 있는 반면, 책장을 여기 폈다, 저기 폈다 하면서 해당 페이지를 찾는 데 한참이 걸리는 아이도 있습니다. 수 배열을 잘 이해하지 못해서 보이는 모습이지요. 수준이 다양한 아이들이 한자리에 있기 때문에 실물화상기로 실제 교과서를 화면에 보여주지만 직접 교과서를 펼쳐줘야 하는 일도 생깁니다. 1학년 1학기 동안 50 이하의 수를 익히도록 교육 과정이 운영되지만 생활하다 보면 그보다 더 큰 수를 만날 때가 참 많습니다.

1학년 시기에는 학습 내용을 말로만 설명하면 이해하기 어렵습니다. "이렇게 쉬운 걸 왜 이해 못 해?"라고 생각하지 마세요. 문자나 숫자로 된 개념은 추상적이기 때문에 잘 이해하지 못하는 게 당연합니다. 발달심리학자인 피아제가 제시한 발달 단계 중의 하나인 구체적 조작기는 6~7세경부터 11~12세경으로 초등학교 시기에 해당합니다. 구체적 조작이란 여러 사물을 직접 보고 만지는 조작 활동에 의해 과학적인 사고와 문제해결이 가능하게 된다는 것입니다. 조금 번거롭고 귀찮더라도 직접 보여주고, 만지게 하며 학습하도록 도와야 하는 이유입니다.

수 개념과 수 세기에는 특별하고 비싼 학습 도구가 필요하지 않습니다. 지금 아이 눈앞에 보이는 여러 사물, 길을 가다가 눈에 보이는 모든 것들이 수 개념과 수 세기의 학습 도구로 충분합니다. 일상생활 중 기회가 될 때마다 간식이나 장난감으로 수 세기, 가르기와 모으기를 해보세요. 기다란 빼빼로를 여러 조각으로 잘라 활용해도 재미있습니다. 고래밥 과자를 접시에 부어 모양을 기준으로 분류하고 개수를 세어보는 활동도 아이들이 재미있어합니다. 구슬로 팔찌나 목걸이를 만들며 실생활과 수학은 서로 연결되어 있음을 알려주세요.

수학 교구로 개념 다지기

구체물로 수학과 실생활을 충분히 연결시켜 놀이를 했다면 교구를 활용해서 학습하는 것도 좋습니다. 교육학 용어로는 교구를 반구체물이라고도 표현하는데요. 수모형, 바둑알, 자석, 스티커, 연결

큐브 등을 주로 활용합니다. 반 구체물인 교구를 통해 충분히 개념 학습을 다지는 거지요. 그 이후에 추상물인 숫자와 기호로 식을 만들고 답을 도출해내는 학습으로 이어지는 겁니다.

수 개념 익히기에 도움이 되는 수학 교구

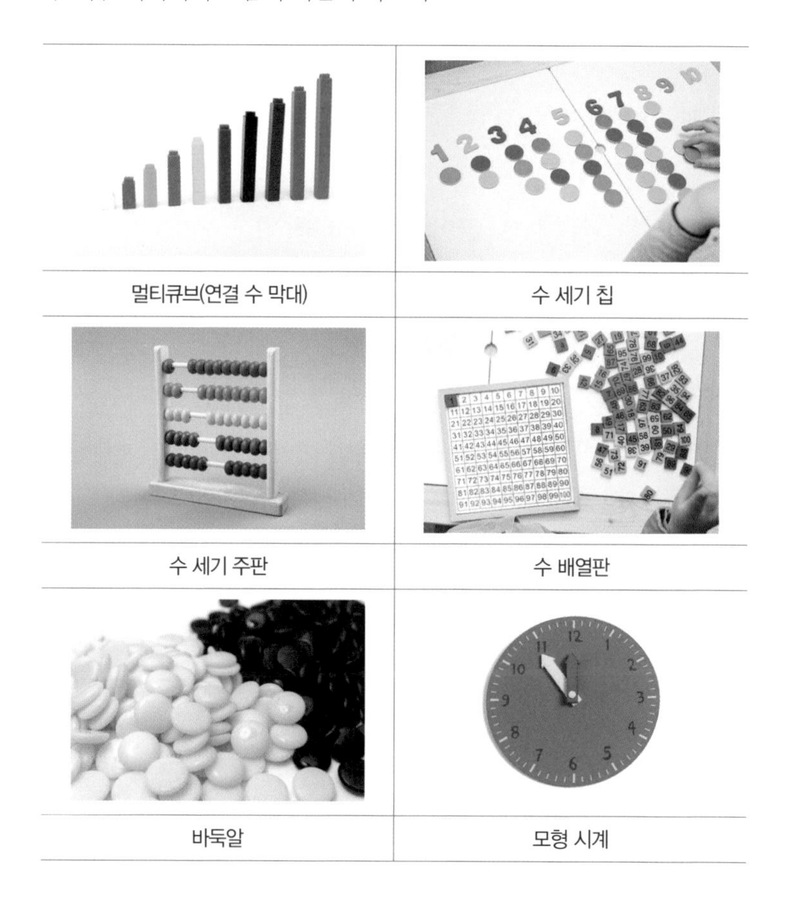

멀티큐브(연결 수 막대)	수 세기 칩
수 세기 주판	수 배열판
바둑알	모형 시계

많은 부모님들이 수학 공부를 시킬 때 범하는 실수 중 하나가 구체물과 교구로 배우는 과정을 생략한 채 곧바로 문제집을 들이는 경우입니다. 구체물이나 교구로 학습하면 금방 이해할 수 있는 것을, 추상화된 기호만 잔뜩 적힌 종이를 눈앞에 둔다면 그 개념을 이해하는 데 한참이 걸릴 수밖에 없지요. 아이들의 인지발달 과정을 의도치 않게 무시하게 되는 거예요.

0의 개념 알기

1학년 1학기 1단원, '9까지의 수'에서 0의 개념을 학습합니다. '아무것도 없는 0의 개념도 굳이 공부해야 해?'라고 생각할지 모르겠지만, 아이들에게 아무것도 없는 상태인 0의 개념은 너무 추상적이기 때문에 말로만 설명하면 잘 이해하지 못합니다.

"사탕 1개를 먹어버리면 사탕은 몇 개 남아 있을까?"라는 질문에 "하나도 없어요"라고 대답을 한다면 이것을 0개라고 표현한다고 알려주세요. "1에 0을 더하면 얼마일까?"라는 물음에 "0을 어떻게 더해요? 아무것도 없는데…"라고 말한다면 아무것도 없는 수를 더했으니 그대로 자기 자신만 남아 있다는 것, 1에서 0을 빼는 상황도 이와 같다는 것을 설명해주세요. 단순히 '없다'라는 개념에서 '0'이라는 수 개념으로 확장할 수 있도록 말이죠.

서수와 기수의 쓰임 구분하기

수 '1, 2, 3, 4, 5…'는 수가 나타내는 의미에 따라 읽는 방법이 다릅니다. 개수를 나타낼 때는 "하나, 둘, 셋…"으로 읽어야 하고, 차례를 나타낼 때는 "첫째, 둘째, 셋째…" 또는 "일, 이, 삼…"으로 읽습니다.

하나, 둘, 셋, 넷, 다섯, 또는 한 개, 두 개, 세 개, 네 개, 다섯 개 등 사물의 개수나 양을 나타내는 수를 '기수'라고 합니다. 기수는 수를 나타내는데 기초가 되는 수이며 묶음의 합을 이르는 집합수이기도 합니다. 예를 들어 1개, 2명, 3마리에서의 1, 2, 3은 개수를 나타내는 기수이므로 '한 개, 두 명, 세 마리'로 읽습니다. 기수를 학습할 때는 한 봉지에 담긴 사탕의 개수나 필통 속에 있는 연필의 수를 소리 내어 세어보도록 하세요.

서수는 첫째(첫 번째), 둘째(두 번째), 셋째(세 번째), 넷째(네 번째) 등 차례나 순서를 나타낼 때 쓰는 순서수입니다. 교실에서 자신이 앉는 자리를 말할 때는 서수로 "셋째 줄에 앉아요"라고 말해야 자연스럽습니다. 또 1년, 2층, 3학년을 일 년, 이 층, 삼 학년으로 읽는 것도 서수에 해당됩니다. 아이가 장난감으로 줄 세우기 놀이를 하면서 몇과 몇째의 개념을 눈, 손, 입으로 익힐 수 있도록 해주세요.

연산의 시작, 이렇게 하세요

초등 1학년이 되면 한글만큼 걱정이 많은 과목이 수학입니다. 교육 과정이 너무 쉬워 지금부터 선행을 달려야 한다는 엄마들도 있고, 한글도 떼지 않았는데 아이 수준에 비해 교과서가 너무 어렵다는 엄마들도 있습니다. 쉬워서 더 해야 한다는 부모님들께는 아이가 진짜 제대로 알고 있는지 확인해보라고 합니다. 1학년 수학이 어렵다고 하는 부모님들께는 수학책에 있는 문제만 풀 줄 알면 걱정 안 해도 된다고 말씀드립니다.

교과서에 나오는 모든 문제가 쉬운 것은 아닙니다. 기본 문제도, 응용 문제도, 심화 문제도 나옵니다. 그 정도를 풀 수 있으면 성공이라고 판단하면 됩니다. 초등 수학은 수와 연산, 변화와 관계,

도형과 측정, 자료와 가능성 이렇게 네 가지 영역으로 이루어져 있습니다. 초등 저학년 시기에는 이 영역 중에서 수와 연산 영역이 70퍼센트 이상 차지합니다. 가장 만만하기도 하지만 학습 결손 없이 다음 단계로 넘어가기 위해서는 잘 다져야 하는 영역이 연산이기도 한 이유입니다.

아이가 수 세기를 잘하면 연산도 가르치고 싶은 게 부모 마음입니다. 그렇다고 해서 더하기(+)와 빼기(-) 같은 연산 기호를 사용하여 본격적인 연산 학습을 시작하는 것은 잠시 멈추세요. 숫자도, 연산 기호도 이 시기의 아이들에게는 추상적인 개념입니다. "젤리 5개가 있는데 이 중 2개를 먹으면 이제 젤리 몇 개가 남게 될까?"와 같은 질문을 통해 언어 자극은 물론이고 수학이 실생활과 밀접하다는 것을 느낄 수 있게 해주세요. 5-2 = □ 과 같이 수식으로 된 문제를 푸는 것은 이후 문제입니다.

1 큰 수, 1 작은 수, 5 큰 수, 5 작은 수

기준에서 크기가 변하는 수를 배웁니다. 예를 들어 5를 기준으로 1 큰 수는 6, 1 작은 수는 4를 떠올릴 수 있어야 하는 것이죠.

4 (1 작은 수) 5 (1 큰 수) 6

1 큰 수, 1 작은 수, 5 큰 수, 5 작은 수를 배우며 수의 배열을 익

히고, 수의 크기를 비교해볼 수도 있습니다. 문제집을 사기 전에 가정에서 충분히 익힐 수 있습니다. 앞에서 설명드린 교구로 먼저 익히도록 해주세요. 몸으로 익히는 것도 큰 도움이 됩니다. 예를 들어 가위바위보 게임을 하면서 한 걸음, 두 걸음, 다섯 걸음 가기 놀이를 해보세요. 어렵지 않게 큰 수와 작은 수의 개념을 익힐 수 있습니다.

가르기와 모으기

초등 1학년 1학기에는 '가르기와 모으기'가 나옵니다. 가르기는 뺄셈의 기초, 모으기는 덧셈의 기초가 됩니다. 어떤 부모님은 그냥 덧셈, 뺄셈을 가르치면 수월할 텐데, 굳이 가르기와 모으기를 가르쳐야 하는 이유를 모르겠다고 말합니다. 덧셈과 뺄셈으로 바로 들어가지 않고 모으기와 가르기를 충분히 연습하는 이유는 수 감각을 길러줘야 하기 때문입니다.

예를 들어 4를 1과 3, 2와 2로 가르기를 할 줄 알면 덧셈과 뺄셈을 하기 훨씬 수월하지요. 9+4를 계산하는 상황은 4를 1과 3으로 가른 뒤 9와 1을 더해서 10으로 만들고 13이라는 결과를 냅니다. 물론 9를 3과 6으로 가르기를 한 뒤 6과 4를 모으기 해서 풀 수도 있고요.

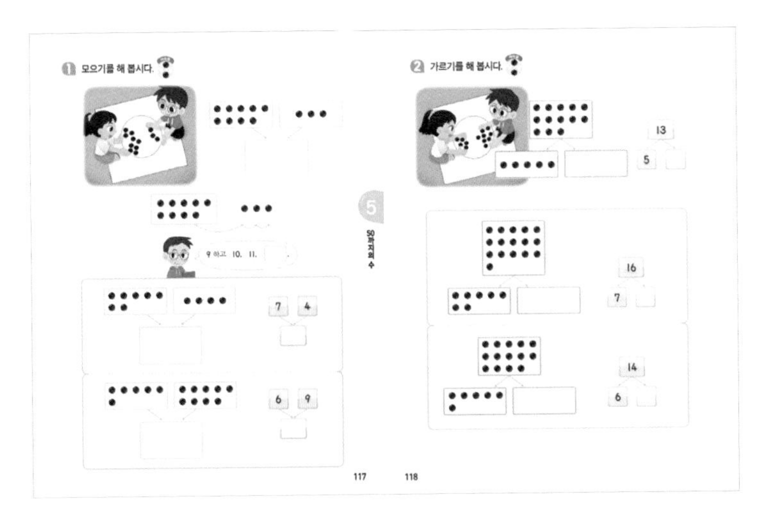

《수학 1-1》 모으기와 가르기

가르기와 모으기 역시 문제집보다 교구를 활용하는 것이 우선입니다. 바둑돌이나 연결 큐브를 준비하세요. 그리고 아이와 함께 가르기와 모으기 놀이를 해보세요. "4를 가르는 방법은 몇 가지일까?"라는 질문에 직접 바둑돌이나 연결 큐브를 여러 가지 방법으로 가르기를 해보며 수 감각을 익혀야 합니다.

10 만들기 놀이하기

덧셈과 빼셈의 시작은 10 만들기부터입니다. 1학기에는 5까지의 수를 가르고 모으며 수 감각을 익히다가 충분히 훈련되고 나면 9까지의 수를, 2학기가 되면 10 이상의 수를 가르고 모읍니다. 수학의 연산뿐만 아니라 우리의 일상생활은 대부분 10진법으로 이루어져 있기 때문에 10을 기준으로 가르기와 모으기를 충분히 연습하는 것이 좋습니다. 가르기와 모으기를 충분히 하고 나면 1학기에는 한 자릿수의 덧셈과 뺄셈을, 2학기에는 '두 자릿수 + 한 자릿수'의 덧셈과 뺄셈을 배웁니다. 받아올림과 받아내림도 2학기에 배우게 되지요. 10 모으기와 가르기 연습이 충분하지 못하면 받아올림과 받아내림이 있는 연산을 힘들어합니다. 그래서 10 만들기 놀이를 충분히 해야 합니다.

10 만들기 놀이를 통해 보수 개념이 생기게 됩니다. 즉 10의 7에 대한 보수는 3과 같이 10 만들기 놀이를 통해 (1, 9), (2, 8), (3, 7), (4, 6), (5, 5) 이렇게 짝꿍 찾기도 해보면 좋습니다.

수학 보드게임 '메이크텐Make Ten'을 활용하는 방법도 있습니다. 0부터 9까지의 숫자 타일을 뒤집어 잘 섞은 후 타일 2개 또는 3개로 10을 만드는 보드게임입니다. 놀이를 통해 자연스럽게 9 이하의 수 개념뿐만 아니라 10 만들기 연산에도 능숙해질 수 있을 거예요.

메이크텐 수학 보드게임

입학 전 풀어볼 만한 연산 문제집

초등은 교육 과정에서 연산이 차지하는 비중이 매우 크기 때문에 적당량의 연산 연습이 필요한 건 사실입니다. 입학 전부터 초등 저학년까지 풀어볼 만한 연산문제집은 다음과 같습니다.

◇《소마셈》

예비 초등부터 초등 4학년까지의 내용을 다루는 문제집입니다. 한 학년당 문제집 권수가 6권에서 8권으로 좀 많은 편입니다.《소마셈》은 원리부터 응용까지 다양하게 다루고 있어 지겹지 않게 풀 수 있습니다. 구체물을 그림으로 제시하고 있어서 직접적인 조작 활동은 아니지만, 저학년 전후의 연령에서는 도움이 될 수 있습니다.

◇《상위권 연산 960》

씨매스에서 나오는《상위권 연산 960》은《소마셈》과 마찬가지로 예비 초등부터 4학년까지의 내용을 다루고 있습니다. 하지만 편성된 내용을 살펴보면 예비 초등에 해당하는 P 단계가 초등 1학년에서 2학년의 내용을 포함하고 있습니다.《상위권 연산 960》은 문제를 푸는 방법을 다양하게 소개한다는 점이 가장 큰 장점입니다. 그리고 단순히 기계적으로 풀지 못하는 연산 문제들, 즉 생각을 한 단계 더 해야 문제 해결이 가능한 수준의 문제들을 다루기 때문에 수학을 좋아하지만 단순 반복 연산을 싫어한다면 도전해볼 만한 문제집입니다.

◇《똑똑한 하루 빅터 연산》(예비 초등)

천재교육에서 나오는 《똑똑한 하루 빅터 연산》은 입학 전부터 입학 이후 학교 진도에 맞춰 학습하기에 좋습니다. 학교 교육 과정과 완전히 단원명이 일치하지는 않지만, 도형이나 측정 영역의 연산도 다루고 있는 점이 눈에 띕니다. 또 단순 계산에 약간의 재미를 더하기 위해 수수께끼, 연상 퀴즈 등 변형 문제를 다루고 있고, QR 코드로 문제 풀기를 할 수도 있습니다.

◇《하루 한 장 쏙셈》(시작 편)

한 장씩 낱장 형태로 뜯어서 풀 수 있어서 학습량에 대한 부담감이 적은 편으로 최소한의 시간 투자로 가볍게 하기에 좋습니다. 반대로 학습량이 적다고 느껴질 수도 있을 거예요. '하루 한 장' 앱을 활용할 수 있어서 게임이나 배지 모으기 같은 활동을 좋아하는 아이라면 약간의 동기부여가 될 수 있습니다.

◇《기탄 수학》

《기탄 수학》은 소위 말하는 드릴형 문제집으로 단순 연산 연습 위주의 문제집입니다. 개념을 구체적으로 학습하는 단계는 생략되어 있기 때문에 계산력 훈련에 집중된 문제집이라고 보면 됩니다. 방문 수업의 교재와 흡사한 작은 크기의 책입니다.

◇《쎈 연산》

신사고에서 나오는 《쎈 연산》은 초등 1학년부터 6학년까지의 교과 과정에 맞춰 학습하기에 좋습니다. 한 학기에 한 권, 매일 한 장씩 풀게끔 구성되어 있고요. 연산 원리를 이미지로 제시하고 있어 혼자서도 연산 개념을 학습할 수 있습니다. 문제의 난이도는 《수학 익힘》 수준이고, 문장제 문제도 다루고 있습니다. 특이한 점은 연산 영역만 다루는 것이 아니라 도형과 측정, 규칙성 등의 영역도 다루고 있어 교과 학습에 충실한 문제집이라고 보시면 됩니다.

◇문제집 선택 시 주의점

어떤 문제집이든 아이가 초등 저학년 때는 처음부터 끝까지 풀어야 한다는 강박을 버리세요. 만약 수학 문제집을 풀게 하고 싶으면 아이에게 선택의 기회를 주도록 합니다.

"이 세 가지 문제집 중에 골라보자."

마치 답정너인 듯하지만 제한된 선택권을 부여받은 것입니다. 문제집은 대동소이합니다. 아이의 선택을 받은 문제집이 가장 좋은 문제집입니다.

문제집을 골랐으면 매일 어느 정도의 양을 공부할지 스스로 정하도록 합니다. 부모 성에 차지 않는 계획이더라도 인정하고 지지

해주세요. 계획을 실천하는 과정에서 스스로 조절해보는 경험도 중요합니다. 단, 계획은 가능한 실천할 수 있도록 합니다. 그러기 위해서는 실천하기 어려운 지나친 계획이면 곤란하겠지요.

연산 학습에서 주의할 점

◇문제집보다 공부 정서가 우선입니다

연산문제집은 교재 선택도 중요하지만, 그보다는 어떤 공부 정서로 공부하는가가 더 중요합니다. 또 한 종류의 문제집을 고집할 이유도 없습니다. 특정 문제집을 풀다가 다른 문제집을 푸는 것도 괜찮습니다. 남들이 좋다는 문제집이 아닌 내 아이와 잘 맞는 연산문제집을 찾아야 하기 때문이지요. 한두 차례쯤은 문제집 선택에서 실패할 수도 있습니다. 문제집이 아까울 수도 있겠지만 아이가 긍정적인 공부 정서로 꾸준히 할 수 있는 문제집을 찾는 것이 더 중요합니다.

문제집을 잘 선택했다 하더라도 문제 수가 너무 많으면 수를 줄여야 하고, 너무 쉬운 문제가 반복된다면 단계를 올려주도록 하세요. 너무 지겹지 않게, 속도감과 변화감이 느껴지도록 진행해주세요. 문제집 아까워하지 마세요.

◇무의미한 '양'치기는 지양해야 합니다

연산을 잘하려면 문제를 풀어보는 과정이 꼭 필요하지만 많은 문제를 풀게 할 필요는 없습니다. 그보다 더 중요한 것은 적은 문제라도 정확하게 과정을 이해하고 푸는 것입니다. 연산 실력이 수학 실력은 아닙니다. 연산은 단지 수학 실력의 기본기 중 하나일 뿐입니다. 우리가 식사를 잘하기 위해 젓가락질을 능숙하게 하는 것처럼 말이에요. 그렇습니다. 연산은 젓가락질과 같은 기본기지요.

하지만 기본이기 때문에 그냥 지나칠 수도 없습니다. 딱 필요한 만큼 적당량만 훈련하면 되는 거예요. 여기서 적당량이 중요합니다. 너무 반복적으로 많은 양의 문제를 풀게 하면 연산 실수가 더 빈번해질 수 있습니다. 아이들이 수학적 사고 과정을 생략한 채 기계적으로 문제를 풀다가 연산 오류를 범하기도 하는 것이죠. 물론 집중력도 함께 떨어지고요, 무의미한 '양'치기를 조심해야 하는 이유입니다.

◇손가락 접기를 허용해주세요

1학년 아이들의 연산 학습지를 채점하다가 특이한 상황을 만난 적이 있습니다. 평소에 연산 속도는 조금 느려도 정확하게 문제를 풀 줄 알던 아이가 눈에 띄게 정답률이 떨어졌던 것입니다. 난이도가 높아진 것도 아니었는데 말이죠. 그래서 저는 아이가 연산 문제를 푸는 과정을 관찰해보았습니다. 그리고 한 문제를 채 다 풀기 전에 정답률이 떨어진 원인을 알 수 있었습니다. 바로 손가락을 봉인했기 때문이었습니다. 평소 그 아이는 손가락을 접고 펴며 문제를 풀어왔습니다. 그런데 엄마가 이제는 다 컸으니 절대로 손가락으로 계산을 해서는 안 된다고 했다는 거예요. 아이는 끙끙거리며 이리저리 계산해보려고 했지만, 그 과정이 순조롭지 않았습니다.

"손가락 써도 괜찮아."

이 한마디에 아이의 얼굴에는 화색이 돌았어요.

아이가 손가락을 접고 펴면서 덧셈과 뺄셈을 하면 손가락 쓰지 말고 풀라고 하는 부모님이 있습니다. 아이의 구체적 조작 과정을 억지로 생략시키면 안 됩니다. 연산 학습지를 빠른 속도로 풀 수 있는 능력보다 손으로 분류하고 만지며 조작해보는 경험이 더 중요한 시기입니다. 이 연습이 충분히 된 아이는 조금만 더 기다려주면 손가락 없이도, 문제집 귀퉁이에 그림을 그리지 않아도 쉽게 계산할 수 있습니다.

누구나 개인차는 존재합니다. 어떤 아이는 조작 과정을 몇 차례만 경험해보면 금방 이해하는 개념을 어떤 아이는 몇 개월을 해야 이해하기도 합니다. 그렇다고 남들 기준에 맞춰 손가락을 동여매게 해서는 안 됩니다. 옆집 아이가 암산을 척척 한다고 부러워하지 않아도 됩니다. 필요한 경험치가 아이마다 다르니까요.

손가락 써서 계산하던 그 아이, 언제까지 그렇게 문제를 풀었을까요? 1학기가 끝나기도 전에 손가락 연산을 넘어선 건 물론이고 다른 아이들과 비슷한 속도와 정확도로 연산을 할 수 있게 되었어요. 그러니 손가락 접기를 허용해주세요.

매일 연산 공부하기

1학년 1학기 '한 자리의 수 덧셈과 뺄셈' 수업 시간에 있었던 일입니다.

"수학 학습지 다 푼 사람은 나와서 검사받으세요. 선생님이 채점해줄게요."

다 푼 아이들의 학습지를 채점하다가 한 아이의 학습지에서 특이한 점을 발견했습니다. 공부도 잘하고 똘똘한 아이였는데 한 자리의 수 덧셈 문제를 하나도 빠짐없이 다 틀린 것이었습니다.

• 시험지 예시

2+3 = 6

1+7 = 7

3+4 = 12

……

아이가 어떤 오류를 범했는지 한눈에 보이시나요? 바로 덧셈 기호를 곱셈 기호로 착각하고 푼 것입니다. 선행을 한 아이들에게 종종 보이는 연산 실수입니다. 이 정도는 "덧셈을 곱셈으로 풀었구나. 다시 고쳐보자"라고 말하면 금세 수정하지만, 가끔 복잡한 연산, 즉 받아올림이나 받아내림이 있는 사칙 연산은 연산 방법을 헷갈려 합니다. 배운 내용을 잊어버리는 거죠.

학년이 올라가서 덧셈과 뺄셈을 충분히 익혔다고 생각해 곱셈과 나눗셈으로 진도를 뺐더니 몇 개월 지나서 보면 덧셈과 뺄셈을 어떻게 하는지 까먹는 아이도 많습니다. 수학은 매일 해야 합니다. 특히 선행보다는 현행과 복습에 더 큰 비중을 두고 말이에요. 매일 꾸준히 학습한 결과는 자신감으로 드러납니다.

시계 보기와 시간 개념 익히기

"선생님, 제 짝이 아직 안 들어왔어요."

점심시간이 끝나고 4교시 수업을 해야 하는데, 빈자리가 눈에 띕니다. 아직 교실로 오지 않은 아이의 빈자리지요. 운동장 한편의 모래사장에서 아직도 모래를 파고 있는 아이들이 보입니다. 저 중 한 명은 우리 반 아이일 테고, 나머지 아이들은 역시나 종소리를 듣지 못하고 함께 모래를 파는 다른 반 1학년 학생들일 테지요.

처음 1학년을 맡았을 때는 쉬는 시간이나 점심시간에 교실 밖에서 놀던 아이들이 종이 쳐도 교실로 돌아오지 않아 운동장과 도서관을 돌아다니며 집 나간, 아니 교실 나간 아이들을 찾으러 다녀야 하는 일이 빈번했습니다. 많은 아이들이 시계 보기에 익숙하지 않은 것은 물론이거니와 몇몇 아이들은 종소리에 민감하게 반응하지도 못했습니다. 여러 해를 거듭하면서 경험치가 쌓이니 교실 나간 아이들을 찾으러 다녀야 할 일은 거의 없지만, 그렇다고 1학년 아이들의 시간 개념이 좋아진 것은 아니에요.

사실 시계를 볼 줄 모르더라도 학교생활에 큰 지장을 끼치는 건 아닙니다. 선생님의 설명과 종소리에 귀 기울이는 아이라면 말이죠. 하지만 시계를 조금이라도 읽을 수 있으면 조금 더 편한 것도 사실이에요. 그렇다면 어느 정도로 시간 개념이 잡혀 있으면 좋을까요?

시계 보기가 어려운 이유

1학년 2학기가 되면 '3. 모양과 시각' 단원에서 1시, 2시와 같은 정각의 개념과 1시 30분, 2시 30분과 같은 몇 시 30분의 간단한 시각의 개념만 학습하게 됩니다. 시계 보기를 배우기 전에는 "10시 30분까지 활동할 거예요"라는 활동 안내와 함께 "긴 바늘이 6을 가리킬 때까지 활동할 거예요"라고 덧붙여 설명해주기도 합니다. "11시 10분에 급식소로 갑니다"라는 말을 시계를 보며 이해하는 아이들도 있지만 "긴 바늘이 2에 가면 점심을 먹을 거예요"라고 안내를 해야 시계를 볼 수 있는 아이들도 있습니다. 물론 아이들은 시곗바늘이 2를 가리키는데 왜 2분이 아니고 10분이 되는 건지 이해하기 어렵습니다.

시계를 직접 조작하며 관찰해본 경험이 부족한 아이는 시곗바늘의 움직임에 대해 이해하기 어려워합니다. 더군다나 요즘에는 스마트폰의 시계와 같은 디지털 시계에 익숙하다 보니 아날로그 시계의 시곗바늘 움직임을 관찰할 기회가 적은 것도 현실이고요.

바늘의 움직임 관찰하기

많은 아이들에게서 보이는 공통적인 오개념이 있습니다. 바로 시침과 분침 관계입니다. 분침이 한 바퀴를 도는 동안 시침도 함께 느린 속도로 움직인다는 사실을 간과하는 것이죠. 그래서 문제에서 제시된 시각 중 '분'은 잘 읽고 그리지만 '시'는 잘 읽고 그리지 못하는 아이들이 많습니다.

예를 들어 아래에 제시된 시각을 10시 30분으로 읽는 것이 아

《수학 1–2》 모양과 시각

니라 11시 30분으로 읽는 아이들을 관찰할 수 있습니다. 또 10시 30분을 그릴 때도 30분을 나타내는 분침은 잘 그리나, 시침의 위치를 10시와 11시 사이가 아니라 정확하게 10시를 가리키도록 그리는 아이도 자주 관찰할 수 있습니다.

이와 같은 오개념은 시계를 직접 돌려가며 바늘의 움직임을 유심히 관찰하면서 바로잡을 수 있습니다. 아이가 바늘의 움직임을 조금 더 유심히 관찰하기 위해서는 적절한 발문이 필요합니다.

• **엄마** : "긴 바늘이 한 바퀴 도는 동안 짧은 바늘은 어떻게 움직이고 있니?"

• **아이** : "천천히 움직이고 있어요."

• **엄마** : "얼마만큼 움직였을까?"

• **아이** : "처음에는 숫자 4에 있었는데 긴 바늘이 한 바퀴 움직이는 동안 숫자 5까지 움직였어요."

• **엄마** : "이번에는 긴 바늘을 반 바퀴만 돌려볼까?"

• **아이** : "긴바늘이 반 바퀴 도는 동안 짧은 바늘은 숫자와 숫자 사이로 움직였어요."

모형 시계나 가정에서 사용하는 시계의 시침과 분침을 직접 돌려가며 공부하면 좋습니다. 긴바늘의 이동에 따라 짧은 바늘도 함께 움직인다는 것을 직접 볼 수 있도록 지도해주세요. 물론 의미

있는 대화와 함께 말이죠.

시계 보기 필요성 인식하기

시계 보는 법을 가정에서 지도하고자 한다면 아이가 시계를 읽고 싶다, 시계를 읽을 수 있어야겠다는 마음이 먼저 들어야 합니다. 평소에 일상 대화 중에서도 '나중에' '지금' '좀 있다가' '저녁에' 등과 같이 표현하기보다 구체적인 시간으로 말해주면 좋습니다. 예를 들어 "좀 있다가 밥 먹자" 대신 "10분 뒤에 밥 먹자"와 같이 구체적인 시간 표현은 5분, 10분, 30분, 1시간과 같은 말이 실제로 어느 정도의 시간인지 감을 잡을 수 있도록 도와줍니다.

"저녁에 마트 같이 갈래?" 대신 "6시쯤 마트 같이 갈래?"와 같이 대화를 하면 일상생활 속에서 시계 보기의 필요성을 조금 더 인지할 수 있게 됩니다. 이렇게 일상생활 속에서도 자연스럽게 시계 읽기의 필요성을 인지할 수 있도록 도와주세요.

정각, 30분, 5분 개념 잡기

시계 보기는 난이도를 조절하며 단계별로 지도하는 것이 중요합니다.

◇정각 읽기

처음에는 1시, 2시와 같은 정각의 개념부터 학습해야 합니다. "긴 바늘이 12를 가리키는 것은 정각을 의미하는 거야"라고 시계 보기의 규칙을 기억하도록 합니다. 그리고 "짧은 바늘이 가리키는 숫자를 '시'로 읽는 거야"라고 정각을 읽는 방법을 알려주세요.

◇몇 시 30분 읽기

정각을 익혔다면 그다음은 1시 30분과 같은 몇 시 30분을 익힐 차례입니다.

"긴 바늘이 반 바퀴만 움직여서 6을 가리키면 60분의 반만큼 흐른 거야. 즉 30분이 되는 거지."

이때 유의해야 하는 것은 짧은 바늘, 즉 시침의 움직임도 함께 살펴봐야 하는 것입니다. 짧은 바늘이 고정되어 있다는 오개념을 가지지 않도록 유의해주세요.

◇5분, 10분, 15분 단위 읽기

30분 단위의 시각을 읽을 수 있으면 5분 단위의 시각 읽기를 해볼 수 있습니다. 5, 10, 15, 20과 같이 5씩 커지는 수를 익혀봅니다.

"긴 바늘이 가리키는 수가 1씩 커질 때마다 5분씩 커지는 거야. 숫자 1은 5분이 1개, 숫자 2는 5분이 2개 모인 것, 숫자 3은 5분이 3개 모인 거지."

난이도를 높이지 마세요

처음부터 너무 어려운 예시로 시작하지 않아야 합니다. 가장 간단한 시계 보기부터 천천히 익숙해지도록 도와주세요. 물론 완벽하지 않아도 괜찮습니다. 시계를 제대로 보지 못해도 학교생활에 큰 지장은 없습니다. 걱정하지 마세요.

시계 보기는 60진법으로 읽고 셈하기 때문에 1학년 수준에서 시계 보기 이상의 수준을 학습하는 것은 바람직하지 않습니다. 시간을 계산하는 단계는 3학년 이상 교육 과정에서 다루고 있습니다. 지금 가르치고 싶더라도 조금만 참으세요. 실제로 시계 보기는 수학을 꽤 잘한다는 아이들조차 많이 어려워합니다. 본인은 잘한다고 생각할지 몰라도 실제로 확인해보면 바늘의 위치를 잘못 그린다든지, 오전, 오후의 개념을 이해하지 못한다든지, 하루 24시간을 계산하는 부분에서 너 나 할 것 없이 어려워합니다. 우리 아이만 못하는 건 아닐까 하는 불안감은 떨쳐도 괜찮습니다.

서술형 문제와 도형 학습

2009개정교육과정이 발표되었을 때 '스토리텔링 수학'이라는 키워드가 화두가 되었던 적이 있습니다. 스토리텔링 수학은 단순 계산이 아닌 아이 주변의 소재를 실생활과 연계하여 이야기하듯 수학적 개념을 풀어가는 것을 말합니다. 한글도 충분히 익히지 못한 아이들에게 문장 이해까지 요구해야 한다는 지적으로 2015개정교육과정 이후에는 '스토리텔링' 비중을 낮췄습니다. 대신 또래 캐릭터들이 풀어가는 이야기와 놀이 중심 수학을 통해 개념과 원리를 이해할 수 있도록 구성하고 있지요. 그렇다고 스토리텔링이 아예 삭제된 것은 아닙니다. 여전히 수학적 사고력을 요구하는 서술형 문제는 나오거든요.

의사소통

6 운동장에 학생들이 모두 몇 명이 있는지 구해 보세요.

운동장에서 학생 23명이 놀고 있어.

학생 12명이 운동장으로 더 나왔네!

식

답 명

의사소통

7 지아는 제기를 28번 찼고, 슬기는 12번 찼습니다.
지아가 슬기보다 제기를 몇 번 더 찼는지 구해 보세요.

식

《수학 1-2》 '덧셈과 뺄셈' 서술형 문제 유형

대부분의 아이들은 서술형 문제를 반기지 않습니다. 어렵기 때문일까요? 아니요, 실제로 어렵다기보다는 어렵게 느낄 뿐이지요.

아이들이 서술형 문제가 어렵다고 여기는 이유는 다음과 같습니다. 첫째, 문제가 깁니다. 그래서 읽기도 전에 어렵다고 느낍니다. 둘째, 읽어봤더니 무슨 말인지 모르겠습니다. 문제 이해력이 부족한 경우지요. 셋째, 문제도 이해했고, 답도 쓸 수 있으나, 풀이 과정을 어떻게 적어야 하는지 모릅니다.

아이들은 자기 생각을 쓰는 데 익숙하지 않습니다. 특히 수학의 풀이 과정은 더더욱 그렇고요. 그렇다면 많은 아이들을 괴롭히는 서술형 문제는 어떻게 접근하는 것이 좋을까요?

의미 단위로 끊어 읽기

문제를 읽지 못하는 아이, 읽고도 이해를 못 하는 아이, 풀기를 주저하는 아이 모두 각기 다른 문제를 안고 있겠지만 가장 근본적인 것은 언어 능력의 부재입니다. 수학도 언어 능력이 핵심입니다. 수학의 개념, 이해, 적용은 언어 능력을 바탕으로 합니다.

2+3 = □

이처럼 수식으로 된 연산 문제는 큰 어려움 없이 풀 수 있습니다. 하지만 아래와 같은 서술형 문제는 읽기도 전에 어려워서 못 푼다고 하거나 읽어도 무슨 말인지 모르겠다고 말한다면 소리 내어 의미 단위로 끊어 읽는 연습을 시켜주세요.

전깃줄에∨참새 두 마리가∨앉아 있습니다.∨잠시 후 비둘기 세 마리가 날아와∨전깃줄에 앉았습니다.∨전깃줄에 앉아 있는 새는∨모두 몇 마리인가요?

처음부터 끝까지 한 호흡에 읽으면 문제의 의도를 파악하기 어렵습니다. 천천히 끊어 읽는 연습이 필요합니다. 이때 부모의 시범이 도움이 됩니다.

끊어 읽은 만큼의 의미 단위를 그림이나 식으로 변형시키는 연습을 꼭 시켜주세요. '참새 두 마리'와 '비둘기 세 마리'를 각각 그림 또는 숫자로 표현해보는 것이지요.

- **식으로 표시 :** 2 + 3
- **그림으로 표시 :** ○○+○○○

실제로 연산이나 수 개념이 부족해서 문제를 풀지 못하는 경우보다 문제의 의미를 파악하지 못해 문제를 풀지 못하는 경우가 더 많습니다. 계산은 할 수 있지만 식을 세우지 못하는 경우입니다. 독해력이 부족해서지요. 독해력은 문제를 많이 푼다고 길러지는 능력이 아닙니다. 짧은 호흡의 글이라도 자주 읽고 이해한 내용을 머릿속에 그려봐야 길러집니다.

말로 설명하기

풀이 과정을 적기 어려워한다면 먼저 말로 설명하게 하세요. 그리고 그 말을 부모님이 대신 받아 적어주는 거예요. 말을 글로 변환시키고 나서 다듬은 것이 풀이 과정이라고 알려주면 됩니다. 서술형 문제는 답을 도출하는 전 과정과 답을 알아보기 쉽게 적어야 합니다. 그림이나 표를 이용해서 설명하는 것도 좋은 방법입니다.

1학년 수학 교육 과정에는 풀이 과정을 자세히 적는 수준의 문제는 거의 없지만, 그림이나 수 배열표에서 규칙을 찾아 설명하는 문제는 가끔 제시됩니다. 다음은 1학년 2학기 《수학》 '5. 규칙 찾기' 단원에 나오는 문제 중 하나입니다.

2 규칙을 찾아 빈칸에 알맞은 수를 써넣어 봅시다.

1	2		
5		7	8
	10		12
13		15	

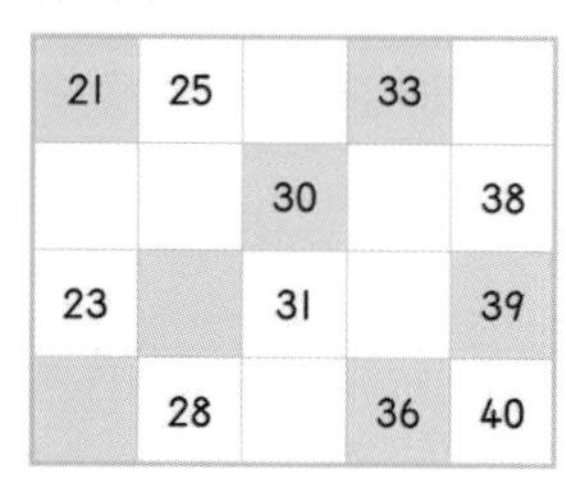

21	25		33	
		30		38
23		31		39
	28		36	40

• 색칠한 수에는 어떤 규칙이 있는지 말해 보세요.

《수학 1-2》 규칙 찾기

규칙성을 찾는 문제는 주로 시각화된 문제로 제시되기 때문에 규칙을 찾는 것을 어려워하는 학생은 많지 않습니다. 하지만 어떤 규칙이 있는지 설명해보는 단계에서는 많은 학생들이 머뭇거립니다. 1학년 수준에서 풀이 과정을 글로 적어야 하는 문제는 많지 않더라도 이 정도 수준의 문제로 서술형 쓰기를 경험해볼 수 있습니다.

• **엄마** : "문제에서 어떤 규칙이 보여?"

• **아이** : "2, 4, 6, 8, 10, 12가 색칠되어 있으니까 그다음에는 14, 16…을 칠하면 돼요."

• **엄마** : "숫자를 몇씩 뛰어 세고 있니?(아이와 함께 토끼가 깡충깡충 뛰어가는 듯 연필로 뛰어 세기를 표시하기)"

• **아이** : "2씩 뛰어 세고 있어요."

• **엄마** : "그래, 그럼 어떤 규칙이 있는지 말로 표현해볼까?"

• **아이** : "'2부터 2칸씩 뛰어 세는 규칙이 있다'(또는 2부터 2씩 커지는 규칙이 있다)고 말하면 돼요."

부모님과 함께 풀이 과정을 먼저 말로 설명한 다음에 이것을 글로 바꿔보는 연습을 하면 서술형 문제와 풀이 과정을 적는 활동에도 겁부터 먹지 않을 거예요.

구체물로 도형 학습하기

1학년 도형 학습은 1학기에 직육면체, 구, 원기둥 등과 같은 입체 도형을, 2학기에 삼각형, 사각형, 원과 같은 평면 도형을 배웁니다. 평면 도형이 입체 도형보다 쉬울 것 같지만 1학기에 입체 도형이 먼저 나오는 이유는 아이들이 접하는 일상생활 속의 도형은 대체로 입체 도형이 많기 때문입니다.

학교에서 도형 학습을 할 때는 삼각형, 사각형, 원기둥, 직육면

체와 같은 수학 용어를 사용하지 않습니다. 직관적으로 모양을 인지한 뒤 아이들 눈높이에 맞춘 이름을 직접 지어보게 되어 있어요. 예를 들어 원기둥은 깡통 모양, 직육면체는 상자 모양, 구는 공 모양 이런 식으로 말이죠. 그 이유는 육면체, 기둥, 구와 같은 수학 개념어는 아이들의 인지 발달상 어려운 용어이기 때문입니다.

◇구체물로 학습하기

도형 학습에서 가장 중요한 것은 직접 조작해보며 공간 감각을 익히는 것입니다. 하지만 교과서나 책에 그림으로 표현된 도형은 극히 이차원적입니다. 학교 수업에서도 다양한 생활 도구를 활용하여 조작 활동을 하는 데에는 한계가 있어요. 가정에서 다양한 모양의 도구를 만지고 탐색할 기회를 많이 주세요.

그렇다고 해서 비싼 교구가 있어야 조작 활동을 할 수 있는 게 아닙니다. 아이들이 접하는 생활 속 여러 가지 물건들이 가장 값진 교구지요. 크기가 다양한 택배 박스, 화장품 용기, 공, 여러 가지 모양의 시계 등을 분류해보며 도형 감각을 익히는 것이 좋습니다. 지금은 세상의 모든 것이 학습 도구이자 즐거운 놀잇감인 시기입니다. 직접 손으로 익히는 수학은 개념 형성에 도움을 줄 뿐만 아니라 기억에도 오래 남아요.

택배 박스, 화장품 용기, 공, 여러 모양의 물건과 같은 구체물을 활용해보았다면 다음과 같은 도형 교구를 활용해볼 수도 있습니다.

• **펜토미노**

펜토미노는 정사각형 5개를 하나로 붙여 만든 블록입니다. 각각의 조각들은 영어 알파벳을 본뜬 12개의 모양 조각으로 이루어져 있습니다. 아이와 함께 펜토미노 모양을 관찰해보는 활동에서 출발하여 다양한 모양 만들기를 해보며 자연스럽게 공간 감각을 키워보면 좋습니다.

펜토미노

◇탱그램(칠교놀이)

탱그램이라고도 불리는 칠교놀이는 7개의 조각으로 이루어진 평면 도형을 움직여 여러 가지 모양을 만드는 놀이입니다. 칠교놀이는 직사각형, 정사각형, 평행사변형, 사다리꼴 등 여러 모양을 만들어가는 과정에서 변의 길이, 넓이, 합동, 닮음 등의 수학적 개념을 익힐 수 있습니다. 또한 7개

탱그램

의 조각을 이리저리 맞추어 독창적인 모양을 만드는 창의적인 활동도 할 수도 있습니다.

◇색종이
단순한 색종이 한 장으로 도형을 익힐 수 있습니다. 한 장의 정사각형 색종이를 반으로 접거나 잘라 삼각형을 만들기도 하고 귀퉁이를 둥글게 잘라 원을 만들 수도 있습니다. 또 여러 색의 색종이를 자르고 붙이며 평면형으로 이루어진 멋진 작품을 만들 수도 있습니다.

수시로 학습 수준 점검하기

초등 1학년의 학습 내용은 부모가 가르치기에 막막할 만큼 내용이 어렵지도, 방대하지도 않습니다. 놀이와 활동 그 어디쯤의 경계에 있는 수준이지요. 그래서 시간과 체력, 인내심만 장착하면 어느 부모님이라도 챙겨봐 줄 수 있습니다. 하지만 학습 내용이 쉽더라도 제 자식을 가르치는 것은 생각보다 녹록하지 않습니다. 그래서 많은 엄마들이 엄마표 학습에 도전장을 내밀었다가 슬그머니 포기를 선언하기도 합니다.

어느 가정 할 것 없이 엄마표가 힘든 공통된 이유가 있습니다. 공부를 잘 가르쳐보겠다고 호기롭게 시작했다가 도리어 자녀와의 관계에 씻지 못할 앙금이 생기더라는 거죠. 그렇습니다. 만약 자녀와의 관계에 문제가 생긴다면 차라리 학원을 보내는 게 나을지도 모릅니다.

엄마가 옆구리에 끼고 공부를 시키든, 가족처럼 아이의 공부를 봐주는 선생님께 맡기든, 꼭 챙겨야 하는 것이 있습니다. 바로 아이의 학습 수준을 수시로 점검하는 것입니다. 어떤 공부를 하고 있는지, 어떤 부분은 잘하고, 또 어떤 부분을 어려워하는지 부모님이 꼭 알고 있어야 합니다. 수학을 어려워한다면 연산 영역인지 도형 영역인지, 받아올림이 있는 덧셈은 잘하는지, 받아내림이 있는 뺄셈은 어려워하지 않는지 정확하게 파악하고 있어야 합니다.

내 아이는 남보다 엄마가 더 잘 알고 있어야 합니다. 어려움을 겪고 있는 부분을 정확하게 알고 있다면 선생님께 구체적이고 적극적으로 도움을 요청할 수도 있습니다. 만약 여러 이유로 챙겨봐 주지 못하더라도 아이가 학습할 때 힘들어하는 점은 꼭 잘 챙겨봐 주세요.

초등 저학년 아이들에게 가장 중요한 것은 '수학은 재미있어. 어렵지 않아'라는 자기효능감입니다. 선행을 운운하며 어려운 문제 풀기를 강요하면 공부는 어렵고 하기 싫은 것이라는 거부감만 느낄 수 있습니다. 자기 능력에 대한 불신도 함께 말이죠. 부모의 욕심이 과해지는 순간을 조심하세요.

무료 프로그램 활용하기

〈똑똑! 수학탐험대〉는 학생들이 교과 수학을 쉽고 재미있게 학습할 수 있도록 교육부에서 개발한 게임형 프로그램입니다. 수준 진단부터 교과 수학 활동, 탐험 활동, 자유 활동, 평가 활동, 교구 활동 등 인공지능을 활용한 초등 수학 수업 지원 시스템이죠. 덧셈과 뺄셈, 수 비교하기, 곱셈 등 특히 연산 학습에 효과적입니다.

똑똑! 수학탐험대
크롬, 엣지, 웨일, 파이어폭스 등으로 접속하거나, 앱스토어에서 '똑똑! 수학탐험대'를 검색 후 설치합니다. 학생이 회원가입만 하면 대부분의 콘텐츠를 무료로 이용할 수 있어요.

〈알지오매스〉는 도형 학습에 특화된 공학적 도구입니다. 한국과학창의재단에서 개발한 무료 소프트웨어로 평면 도형부터 입체 도형까지 쉽게 그릴 수 있습니다. 선생님들도 수학 시간에 자주 활용하고요. 가정에서 아이에게 프로그램만 깔아주면 가르쳐주지 않아도 이리저리 만져보며 스스로 익힐 거예요. 요즘은 어른보다 아이가 기기 사용에 더 익숙하더라고요.

알지오매스

인터넷 브라우저에서 검색해서 접속합니다. 초등학생용과 중고등학생용으로 구분되어 있으니, 자신의 학교급에 맞게 선택한 뒤 회원 가입합니다. 자신이 만든 도형을 저장하고 공유할 수도 있습니다.

공부 습관 만들기
④ 영어 교육과 사교육

영어 공부, 미리 해야 할까?

사실 영어 공부는 초등 입학 때문에 시작되는 고민이 아닐 거예요. 어쩌면 아이가 태어났을 때부터 어떤 방법으로 영어 노출을 시켜줄지 고민했을 거예요. 결론부터 말씀드리면 영어 공부를 언제 시작할지, 영어 유치원을 보낼지, 학원을 보낼지, 학습지를 할지, 노출만 할지에 대한 고민은 부모님의 교육관 대로 결정하면 됩니다. 그렇다면 교육관이 명확한 게 우선이겠지요. 아마도 유창하게 영어를 구사하는 아이, 어느 부모라도 원하지 않을까요?

초등학교의 영어 교육

초등 1, 2학년 교육 과정에는 영어 수업이 편성되어 있지 않습니다. 3학년부터 정규 교육 과정에 편성되어 있어요. 그것도 파닉스부터 간단한 회화 수준의 영어 수업입니다. 하지만 3학년이 되어서야 비로소 영어를 처음 접한다면 영어 수업 시간에 어려움을 느낄 수도 있습니다.

영어는 언어이기 때문에 익히는 데 생각보다 많은 시간과 학습량이 필요합니다. 쉽게 말해서 인풋input이 충분해야 아웃풋output이 가능한 거죠. 3학년이 되어서 영어 공부를 시작하게 되면 절대적인 영어 노출 시간이 부족합니다. 그제야 많은 시간을 투자하여 공부하게 되면 아이는 압박감과 스트레스를 받을 수도 있어요. 아이가 영어를 친숙하게 받아들이고 영어 수업에 즐겁게 참여하기 위해서는 어느 정도의 영어 노출이 필요합니다.

어릴 때부터 영어 노출하기

언어를 습득하는 방법은 크게 3가지로 나누어볼 수 있습니다.

- **Native Language** : 모국어로 언어를 배우는 것
- **ESL**English as second language : 모국어와 영어를 공용으로 배우는 것
- **EFL**English as Foreign Language : 영어를 외국어로써 배우는 것

이 중 우리나라는 세 번째, EFL 환경으로 영어를 외국어로 배우는 환경입니다. 예외적으로 부모님 중에 영어권 출신이 있거나

의도적으로 태어날 때부터 완벽한 영어 환경을 만들어주었으면 모를까, 많은 아시아권 아이들은 영어 노출이 미미할 수밖에 없는 게 현실입니다. 수업 시간에 외국어 교과로 배우는 환경인 EFL 환경인 것이죠.

따라서 어릴 때부터 어느 정도의 영어 노출은 꼭 필요합니다. 이때는 학습에 의미를 두기보다는 순수하게 영어 노출에만 의미를 두세요. 부담감과 스트레스는 내려두라는 의미입니다. 하지만 아이 귀가 뚫리고, 입이 열리려면 완벽한 ESL 환경을 만들어줄 수는 없더라도 최대한 많이 영어 노출을 시켜줘야 합니다.

아이들이 좋아하는 영어 노출 방법

◇영어 동화책 활용하기

영어를 접하는 방법은 영어 동화책, DVD, 영어 노래 등 다양합니다. 그런데 아이마다 호불호가 있으니 아이의 취향을 고려해서 선택하면 됩니다. 영어 동화책도 캐릭터와 글밥에 따라 선호도가 다를 수 있으니 처음부터 비싼 전집을 들이지 말고 도서관을 활용하세요. 좋아하는 종류의 책이 눈에 보이기 시작하면 직접 구매를 하는 것도 괜찮습니다.

◇영어 영상 보여주기

영어로 된 만화나 영화도 영어 노출 최적의 자료입니다. 영상은 말과 행동을 동시에 볼 수 있어서 그 뜻을 맥락적으로 파악하기 쉽습니다. 한글 자막이 없다는 가정하에서요. 그러면 나중에 3학년이 되어 학교에서 영어를 배울 때에도 훨씬 쉽게 접근할 수 있습니다. 공부로 접근한다기보다 노출만 충분히 한다는 마음으로 말이죠. 어느 정도 받아들였는지 수시로 테스트 하듯 물어보고 시켜보는 것은 자제하고요.

◇영어 동요 들려주기

짧은 표현이 반복되는 영어 동요는 많은 아이들이 크게 거부감 없이 받아들입니다. 예를 들어 '상어 가족baby shark' 처럼 쉬운 표현이 반복적으로 나오는 영어 동요는 아이가 쉽게 따라부르면서 가사에 나오는 단어와 영어 표현을 자연스럽게 익힐 수 있습니다.

◇생활 영어 사용하기

아이가 영어에 친숙해지는 좋은 방법 중 하나는 부모님이 지속적으로 영어를 들려주는 것입니다. 그렇다고 부모가 유창하게 영어를 구사해야 한다는 뜻은 아닙니다. 매우 간단한 생활영어 구문을 반복적으로 사용하는 것이죠. 예를 들어 "I want to~"라는 표현을 배웠다면, "I want to play" "I want to sleep" "I want to eat" "I want to eat a snack" 등으로 응용해서 활용할 수 있습니다. 물론 "Do you want to~"로 질문하고 답하기를 해도 되겠지요.

중요한 것은 모국어입니다

영어는 외국어라 많은 시간과 돈을 들여 공부한다고 하더라도 그리 아깝지 않습니다. 아니 당연한 것 같기도 합니다. 하지만 많은 부모님들이 간과하는 것이 있습니다. 바로 모국어, 즉 국어 능력입니다. 우리말로도 잘 이해하지 못하는데 외국어를 이해하는 것은 어불성설입니다. 복잡한 한글 문장을 이해하는 것도 어려운데, 그 내용을 영어로 이해하는 것이 가능할까요? 불가능하겠지요. 바로 독해력의 차이 때문입니다. 읽고 해석하는 것과 의미를 제대로 파악하는 것은 다른 영역입니다. 한글로 된 텍스트도 이해하기 어려워한다면 영어 문장을 간신히 해석했다고 하더라도 독해 문제까지 풀어내기란 어렵습니다.

"애들이 영어 지문을 해석한 한글 지문을 줘도 이해를 못 해."

중학교에서 영어를 가르치는 친구가 저에게 한 말입니다. 학생 중에는 영어 실력은 꽤 좋아서 해석은 곧잘 하지만 국어 실력이 받쳐주지 못해 본인이 한글로 해석한 문장을 이해하지 못하는 아이들도 많다며 안타까움을 토로했습니다. 원어민 교사와 유창하게 일상 대화를 주고받는 학생도 글을 읽고 이해하는 독해력이 부족해서 정작 영어 성적은 바닥을 치는 경우도 꽤 많다고 합니다.

루이지애나 주립대학의 황용길 교수는 외국어를 배운다는 것은 단순히 말하기 기술이 아닌 그 말에 담긴 의미와 뜻을 배우는 과정이라고 설명합니다. 여기서 말하는 '의미와 뜻'은 모국어를 토대로 사고력과 독해력 훈련이 충분히 되어야만 배울 수 있습니다. 모국어 능력이 뛰어난 아이들은 상대적으로 학습 능력이 우수하고 영어 학습 속도도 빠릅니다. 반대로 모국어 능력이 떨어지면 타 언어를 학습하는 데 상당한 어려움을 겪게 되는 것이죠. 영어도 텍스트 속 의미를 파악하는 힘, 즉 독해력이 핵심인 과목입니다. 영어책만큼 한글책도 충분히 읽어야 하는 이유입니다.

TIP

한자 공부, 미리 해야 할까?

최근 문해력의 중요성이 강조되면서 한자 공부가 함께 부각되고 있습니다. '한자 공부, 미리 해야 할까?'에 대한 즉답은 "하면 좋고, 하지 않아도 큰 문제는 없다"입니다. 실제로 한글의 60퍼센트 이상이 한자어로 되어 있어서 한자를 많이 알면 어려운 낱말이나 개념어를 이해하는 데 도움이 되는 것은 사실입니다.

일상생활에서 유용한 한자는 1,800자 정도입니다. 중고등학교에서도 상용한자 1,800자 중심으로 한자 수업을 하지요. 초등학생은 이 중 초급 수준의 300자 정도만 익혀도 충분합니다. 아이가 한자에 흥미를 느끼고 급수 따기에 의욕을 보인다면 한자 수준을 높여도 무방하고요.

하지만 우리 아이들의 물리적인 시간과 에너지에 한계가 있기 때문에 아직 한글도 미숙한 아이에게 한자 공부까지 강요하기는 어렵습니다. 한자를 필수로 공부하는 학교도 없습니다. 특색 교육으로 한자 교육을 하는 학교라면 창체 시간을 활용하여 수업하기도 합니다. 아이가 한자에 특별히 관심을 보이면 가정에서 공부하는 것도 좋습니다. 억지로 시킬 필요까지는 없다는 거죠.

아이를 위한 사교육

입학을 앞둔 일곱 살 재민이의 스케줄입니다.

january 재민이 하원 후 일정 ♡

1 2 3 4 5 6 7 8 9 10 11 12 13 14 15 16 17 18 19 20 21 22 23 24 25 26 27 28 29 30 31

WEEKLY PLAN	MON	TUE	WED
	3:00~ 태권도 4:00~ 한글 공부방 - 저녁식사 - 6:30~ 피아노학원	3:00~ 미술학원 4:30~ 영어도서관	3:00~ 태권도 4:00 ~ 한글 공부방 - 저녁식사 - 6:30 ~ 피아노학원

THU	FRI	SAT	SUN
3:00 ~ 미술학원 4:30~ 영어도서관	3:00 ~ 태권도 4:00 ~ 피아노학원 - 저녁식사 - 7:00~ 수학학습지 선생님	11:00~ 사고력 수학학원	

재민이 하원 후 일정

일곱 살치고 스케줄이 많은 것 같나요? 아이에 따라서는 비슷하기도 하고 적기도 하겠지요. 어쩌면 재민이보다 더 많은 사교육을 받는 아이가 있을지도 모릅니다. 태권도, 미술, 음악, 한글, 수학…. 가짓수도 많지만 그렇다고 어느 하나 소홀히 해서도 안 될 것 같습니다. 왜냐하면 '입학을 앞두고 있다'라는 말은 저 모든 것을 해야 한다는 당위성을 부여하는 것 같으니까요.

초등 입학이라는 말은 이상하게도 부모를 비장하게 만드는 듯합니다. 비장한 마음은 학원이나 학습지를 알아보는 행동으로 표출되기도 하고요. 시키려니 '이 어린 것을'이라는 마음이 들기도 하고, 안 시키려니 우리 아이만 뒤처질 것 같아 불안합니다. 고학년과 비교해 일찍 하교하다 보니 방과 후 시간에 학원 한두 군데 정도는 보내도 괜찮을 것 같은 생각도 듭니다.

'학교 적응'을 위한 사교육은 참으로 그럴듯합니다. '입학 전에 꼭 해야 하는~' '이것만은 꼭 알아야~'와 같은 문구는 부모의 불안과 조급함을 부추깁니다. 물론 기본 중의 기본도 되어 있지 않아 학교 적응에 어려움을 겪는 아이들도 있습니다. 하지만 많은 것을 이미 학습하고 온 아이는 학교를 재미없고 배울 것이 없는 곳으로 여기기도 합니다. 그렇다면 학교 적응은 물론이고 자신감 있게 공부할 수 있으려면 무엇을, 어떻게 도와주면 좋을까요?

사교육을 시키자니 영어, 수학, 운동, 음악, 미술, 논술, 과학실험, 역사, 컴퓨터, 코딩… 셀 수 없이 많습니다. 기본만 시키자고 공부방에 보내자니 주변에서 음악, 미술도 기본이라 합니다. 요즘에는 코딩도 해둬야 뒤처지지 않는다는 맘카페의 조언도 눈에 들어옵니다. 하나둘 추가하다 보면 어느덧 방과 후 시간표가 빽빽해집니다.

안 시키자니 불안하고, 시키자니 한도 끝도 없는 사교육, 무엇이 정답일까요?

취학 전~1학년 사교육 얼마나 필요할까?

교과서를 살펴보았다면 느꼈겠지만, 저학년은 학습의 양과 범위가 그리 많지 않습니다. 학원에 다니며 보충이나 선행을 하지 않아도 충분히 따라올 수 있는 수준이지요.

그릇에 넘칠 만큼 사교육을 받는 아이는 행복하게 공부하지 못합니다. 배움에 지치게 되는 거지요. 배움에 지치게 되면 호기심과 흥미를 잃게 됩니다. 억지로 하는 배움은 받아들이는 아이 입장에서 그리 달갑지 않기에 학습 효율도 높을 수 없습니다. 이제 겨우 1학년이에요. 멍 때리는 시간이 절대적으로 필요한 시기입니다. 자신만의 시간을 주세요. 누군가에게서 수동적으로 지식을 받아들이는 게 아니라 스스로 탐색하고 느끼는 것에서 즐거움을 느껴야 하는 시기가 지금입니다.

멍 때리는 시간은 창의력과 연결됩니다. 시간 낭비라고 여기지 않아도 됩니다. 엄마 눈에는 빈둥거리는 게 거슬리겠지만 눈감

아주세요. 엄마가 짠 빼곡한 스케줄에 익숙해지지 마세요. 쉴 틈이 없으면 집중력도 낮아집니다. 학교에서는 아이들에게 쉬는 시간은 쉬는 시간답게 보내도록 권합니다. 자기만의 방법으로 충분히 쉰 아이가 다음 시간에 집중해서 공부할 수 있어요.

더 많은 배움의 기회를 갖는 것은 좋지만 남들이 좋다는 것을 다 시키겠다는 자세는 위험합니다. 대신 운동이나 예술 등 다양한 영역을 경험할 수 있도록 해주세요. 학습에 대한 부담이 적은 시기니 이때 예술이나 운동 중에서 아이와 함께 정해보도록 합니다. 아이도 자신이 좋아하는 것과 잘하는 것을 찾아가는 시기입니다. 분명한 건 해도 좋고, 하지 않아도 무방하다는 것입니다.

예술이나 운동은 기능적 요소가 많아서 배우고 익히는 데 시간과 노력이 필요합니다. 따라서 시간적으로 여유가 있을 때 다양한 경험을 해본다는 의미에서 예술과 운동을 배워보면 좋습니다. 악기를 배우거나 그림을 그리는 것, 태권도나 수영, 축구를 하며 아이의 발달 단계에 맞는 배움이 필요한 때입니다.

음악학원, 꼭 가야 할까?

학부모 강의 중 한 학부모님이 이런 질문을 했습니다.

"선생님, 초등학교 음악 수업에서는 악보를 읽지 못하면 수업에 따라가기 힘들다던데요. 음악학원을 보내는 게 좋을까요?"

음악학원은 악기를 접하고 배우기 위해서 가는 것이어야 합니다. 악기를 배우다 보면 악보 읽는 법도 익히고 음감도 생기게 되지요. 주객이 전도된 채 음악학원에 보내는 것은 곤란합니다.

초등 1~2학년 때는 오선지에 그려진 악보를 배우지 않습니다. 악보를 읽지 못해도 누구나 볼 수 있는 리듬과 음의 높낮이를 표현한 악보가 제시됩니다. 그렇게 2년간 충분히 리듬감과 음감을 익히고 나면 3학년이 되어서야 우리에게 익숙한 악보를 읽도록 하지요. 리코더와 같은 가락악기도 3학년부터 배우게 됩니다. 요컨대 좋아하는 악기를 다루며 음악을 즐겼으면 하는 마음이 아니라 학교 수업에 따라가기 위해, 악보 읽는 법을 배우기 위해 음악학원을 보내는 것이라면 다시 한번 생각해보세요.

《탐험1-1》 1학년 음악 수업의 예

진정한 배움과 부모의 욕심 구분하기

학년이 올라갈수록 학습 면에서 부족한 부분이 발견되면 그 부분을 보충해줄 수 있는 학원을 다닐 수 있도록 수시로 아이의 수준을 점검해보세요. 남들이 한다고 이것저것 다 시키는 것은 남의 아이를 기준으로 삼는 행동입니다. 언제나 자녀 양육과 교육의 기준은 내 아이여야 합니다.

학교 수업이 끝나자마자 잠시도 쉴 틈 없이 노란 봉고차에 올라타는 아이들을 보면 마음이 아픕니다. 학원 수업까지 다 듣고 지친 몸으로 돌아오면 학원 숙제까지 해야 하는 게 현실입니다. 삼삼오오 모여서 노는 친구들 사이에서 다 하지 못한 학원 숙제를 하느라 문제집에 고개를 묻고 있는 아이의 눈빛에는 괴로움이 차 있습니다.

보충이 필요한 부분을 넘어 넘치도록 주입하지는 말아야 합니다. 그건 진정한 배움이라 하기 어렵습니다. 보충의 의미를 넘어서 앞서나가기 위한 사교육이라면 잠시 멈춰보세요. 유리할 거라고 여겼다면 잘못 생각하신 거예요. 아이의 수준에 맞지 않는 학습이라면 더 어렵게 접근하는 거예요. 제 시기가 되면 더 빨리, 더 쉽게 이해할 것을 더 더디게, 더 어렵게 공부하게 등 떠미는 거니까요. 자연스럽게 학습할 시기가 적기, 적기 교육입니다.

사교육보다 중요한 건 공부 정서

학습 면에서 초등 저학년 때 가장 중요한 것은 공부 정서입니다. 그다음이 공부 습관이지요. 즐겁게 공부한다면 더할 나위 없겠지만 적어도 공부를 싫어하지 않으면 반은 성공입니다. 그러기 위해서는 책상 앞에 앉아서 힘들게 공부시키면 안 됩니다. 편안한 분위기에서 아이가 마음껏 자신의 재능을 발산하도록 도와주세요.

꼬치꼬치 캐묻듯이 질문하거나, 실력을 확인하는 듯한 태도를 보이면 아이는 머뭇거릴 수밖에 없습니다. 대신 한 뼘씩 성장할 때마다 축하해주세요. 키가 자라는 것처럼 보이지 않는 마음과 머리도 성장하고 있음에 기쁨을 느끼도록요. 공부할 때 곁을 지켜주는 것도 좋습니다. '감시'는 내려두세요. 그냥 '함께'하는 겁니다. 편안하게 책을 읽거나 다이어리를 적는 것도 좋습니다.

초등 저학년 시기는 몸을 움직여야 인지발달과 함께 정서도 발달하게 됩니다. 엉덩이를 오랜 시간 붙이고 하는 공부보다 마음껏 움직이는 과정에서 학습을 더 활발히 하는 거예요. 저학년 아이의 발달을 고려하더라도 지나친 학습 위주의 사교육보다 다양한 예술 활동이나 체육 활동에 비중을 두도록 하세요. 이 시기의 아이에게 필요한 것은 단순히 읽고 외우는 학습보다 신체, 정서의 고른 발달을 돕는 예체능 교육입니다. 새로운 경험에 대한 호기심도 충족하고, 정서적인 안정감도 가지며, 몸을 움직이면서 사회성을 발달시키는 것이 더 큰 목표가 되어야 합니다.

줄넘기

기본 체력 활동으로 줄넘기를 하는 학교가 많습니다. 줄넘기는 심폐지구력, 순발력, 민첩성을 길러주는 온몸운동입니다. 줄넘기는 아이마다 수준의 편차가 매우 큽니다. 어렸을 때부터 태권도를 다니거나 가정에서 꾸준히 줄넘기를 해온 아이들은 1학년임에도 불구하고 곡예 수준의 2단 뛰기까지 쉽게 하는 경우도 있습니다. 하나도 겨우 뛰어넘는 아이들은 "우와~"를 연발하며 친구들의 곡예를 구경하지요. 속으로 부러운 마음이 가득한 듯 보이기도 합니다.

그렇다고 해서 줄넘기를 능숙하게 익혀야 학교생활에 무리가 없다는 말은 아닙니다. 줄넘기는 요령만 익히면 누구든 잘할 수 있습니다. 먼저 한 손으로만 줄넘기 줄을 모아 잡고 연습합니다. 손목 스냅으로 줄을 돌리는 연습과 리듬에 맞춰 발 구르는 연습을 함께 하는 것이죠. 이후에 양손으로 줄넘기 줄을 잡고 줄을 뛰어넘는 연습으로 넘어갑니다. 긴 시간을 두고 천천히, 자주 접할 수 있도록 하면 좋습니다.

줄넘기는 경쟁보다 자신의 건강과 체력을 위해서 하는 것입니다. "엄마, 내가 우리 반에서 줄넘기를 제일 못하는 것 같아"라는 아이의 말을 듣게 된다면 어떤 생각이 떠오를까요? 당장 줄넘기 학원에 보내야겠다거나 엄마가 도와주지 못해서 미안한 감정이 들까요? 아이가 원하는 것은 학원도, 엄마의 사과도 아닌 위로입니다. 그저 위로해주면 그만인 일입니다. 이참에 엄마도 오랜만에 줄넘기 같이 하고 싶다며 아이 손 잡고 밖으로 나서면 됩니다. 한번 뛰어넘던 아이가 두 번을 뛰어넘었을 때 함께 기뻐해줘야지요. 부모나 교사의 마음은 '잘하지 않아도 괜찮아'이지만 막상 친구들과 함께 줄넘기를 하다 보면 누구는 몇 번을 훌쩍 넘게 뛰고, 또 누구는 한두 번을 겨우 넘기도 하는 모습을 비교하기도 합니다. 누구든 한두 번 겨우 넘는 것부터 시작했다는 사실을 알려주세요.

줄넘기를 비롯한 새로운 학습을 한다는 것은 아이들이 성장하는 모습과도 유사합니다. 정해진 방법대로 차근차근 교과서처럼 익히고 나아가는 예도 있지만, 자신만의 방법을 터득하고 또래끼리 함께 배우고 성장하기도 합니다. 그러니 너무 조급해하지는 말되, 즐거운 마음으로 자주 해볼 수 있도록 도와주세요.

학부모가 처음이라 궁금한 정보들

학교와 소통하는 법

입학 후에는 학교와 담임선생님으로부터 꽤 많은 양의 안내를 받게 됩니다. 반대로 부모님이 학교나 담임선생님에게 전달해야 하는 것들도 있고요. 학교에서 전달하는 여러 가정통신문 중에서는 놓치면 안 되는 중요한 내용도 있고, 가볍게 읽고 넘겨도 괜찮은 것도 있습니다. 개중에는 다시 학교로 전달해야 하는 것도 있습니다. 상황에 따라 적절히 학교와 소통하는 방법은 다음과 같습니다.

알림장과 학교알리미 앱 활용하기

알림장은 담임선생님과 학부모 간의 연락망입니다. 최근 몇 년 사이 대부분의 학교가 알림장이나 가정통신문을 온라인으로 확인할 수 있는 앱을 활용하고 있습니다. 행사 안내, 준비물, 과제, 회신용 가정통신문 등은 대부분 알림장을 통해 부모님께 전달됩니다. 한 주간 공부할 내용과 준비물을 안내하는 '주간학습 안내'와 알림장을 참고하여 아이가 스스로 준비물을 챙길 수 있도록 도와주세요. 요즘에는 기본적인 학습 준비물은 학교에 구비되어 있습니다. 하지만 그 외에 개인 준비물이 필요할 때도 종종 있습니다. 준비물을 가져오지 않으면 수업에 차질이 생기기도 해요. 준비물을 잘 챙겨오는 것이 학교생활 적응에 필수입니다.

단, 준비물 챙기기에 도움은 주되, 부모님이 주도적으로 챙겨주지는 마세요. 담임선생님이 준비물에 대한 안내를 아이들에게 상세히 설명해줍니다. 선생님의 학습 준비물 설명을 잘 듣고 가정에서 스스로 챙겨보는 습관을 들이는 것이 중요합니다. 아이 힘으로 준비하기 어려운 것은 부모님이 도와주고요. 마지막에 아이가 챙긴 것을 확인해주되 빠진 것이 있다면 바로 챙겨주지 말고 "알림장을 다시 한번 더 확인해볼래? 빠진 게 있는 것 같아"와 같은 말로 스스로 빠진 목록을 찾아볼 수 있도록 해주세요.

◇알림장 내용이 이해가 잘 안 된다면?

선생님마다 알림장을 쓰는 방법이 다릅니다. 어떤 선생님은 간략하게 필요한 말만 하고, 또 어떤 선생님은 구구절절 자세하게 씁니다. 모두 장단점이 있습니다. 간략하면 중요한 내용만 한눈에 들어와 가독성이 좋습니다. 반면 자세하게 기술된 알림장은 친절하게 설명해주지만 내용을 한눈에 파악하기는 어렵습니다.

만약 알림장 내용을 이해하기 어렵다면 담임선생님께 곧바로 묻기보다 먼저 아이에게 물어보세요. 아마도 선생님이 알림장을 쓸 때 학생들에게 자세히 설명해주었을 겁니다. 엄마가 알림장 내용에 대해 궁금해하는 모습을 보며 아이는 엄마가 나의 학교생활에 관심을 가지고 있다고 여기기도 합니다.

"이 준비물은 어떤 활동에 사용하니?"

"이 가정통신문은 다시 학교에 가져가야 하니?"

알림장 내용만으로 충분히 이해되었더라도 종종 이렇게 물어봐 주세요. 아이가 선생님께 들은 내용을 엄마에게 효과적으로 전달하는 기회를 주는 거예요.

"선생님 설명을 자세히 들었구나. 우리 예림이가 설명해주니 이해가 잘 되네."

이렇게 피드백해주면서 잘 듣고 잘 전달한 행동에 칭찬도 곁들여주세요. 아이는 엄마에게 도움을 주었다고 느끼며 자존감이 높아질 거예요.

워낙 빠르고 편리한 세상에서 살다 보니 알림장 공책은 시대에 뒤처지는 촌스러운 유물처럼 보일지 모릅니다. 선생님 입장에서는 아이들에게 알림장 지도를 하고 검사를 하는 수고로움 없이 알림장 앱만 활용하는 것이 훨씬 수월합니다. 그럼에도 불구하고 조금의 단어라도 적게 하고, 아이가 직접 부모님에게 내용을 전달하게 하는 이유는 그 속에서 얻는 교육적 효과가 크기 때문입니다.

만약 알림장 공책을 활용한다면 가끔 아이에게 사랑의 메시지를 공책에 적어주세요. 학교에서 발견한 부모님의 사랑은 더할 나위 없이 큰 응원의 메시지로 전달됩니다. 학교에서나 하교 후에 아이가 꼭 챙겨야 할 것이 있다면 알림장에 메모해주는 것도 좋습니다. 담임선생님께 전달하고 싶은 말도 알림장에 적어주셔도 좋습니다. 가끔은 촌스럽게 느껴지는 아날로그식도 꽤 괜찮은 소통 방법이 되기도 합니다.

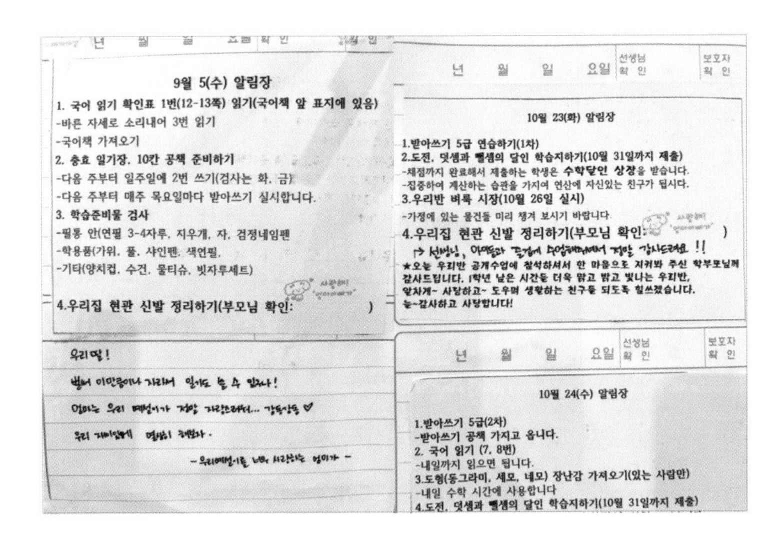

9월 5(수) 알림장

1. 국어 읽기 확인표 1번(12-13쪽) 읽기(국어책 앞 표지에 있음)
-바른 자세로 소리내어 3번 읽기
-국어책 가져오기
2. 충효 일기장, 10칸 공책 준비하기
-다음 주부터 일주일에 2번 쓰기(검사는 화, 금)
-다음 주부터 매주 목요일마다 받아쓰기 실시합니다.
3. 학습준비물 검사
-필통 안(연필 3-4자루, 지우개, 자, 검정네임펜
-학용품(가위, 풀, 사인펜, 색연필,
-기타(양치컵, 수건, 물티슈, 빗자루세트)

4.우리집 현관 신발 정리하기(부모님 확인:)

우리 딸!
벌써 이만큼이나 자라서 일기도 쓸 수 있구나!

년 월 일 요일 | 선생님 확인 | 보호자 확인

10월 23(화) 알림장

1.받아쓰기 5급 연습하기(1차)
2.도전, 덧셈과 뺄셈의 달인 학습지하기(10월 31일까지 제출)
-채점까지 완료해서 제출하는 학생은 수학달인 상장을 받습니다.
-집중하여 계산하는 습관을 가지여 연산에 자신있는 친구가 됩시다.
3.우리반 벼룩 시장(10월 26일 실시)
-가정에 있는 물건들 미리 챙겨 보시기 바랍니다.
4.우리집 현관 신발 정리하기(부모님 확인:)
→ 선생님, 아이들과 즐겁게 수업해주셔서 정말 감사드려요 !!
★오늘 우리반 공개수업에 참석하셔서 한 마음으로 지켜봐 주신 학부모님께 감사드립니다. 1학년 남은 시간들 더욱 맑고 밝고 빛나는 우리반, 알차게~ 사랑하고~ 도우며 생활하는 친구들 되도록 힘쓰겠습니다.
늘~감사하고 사랑합니다!

년 월 일 요일 | 선생님 확인 | 보호자 확인

10월 24(수) 알림장

1.받아쓰기 5급(2차)
-받아쓰기 공책 가지고 옵니다.
2. 국어 읽기 (7, 8번)
-내일까지 읽으면 됩니다.
3.도형(동그라미, 세모, 네모) 장난감 가져오기(있는 사람만)
-내일 수학 시간에 사용합니다
4.도전, 덧셈과 뺄셈의 달인 학습지하기(10월 31일까지 제출)

알림장에 아이와 선생님께 전하는 메시지를 써 넣은 모습

가정통신문 살펴보기

가정통신문은 꼼꼼히 살펴보세요. 특히 회신용 가정통신문은 다음 날 바로 제출하는 것이 가장 좋습니다. 학년 초에는 회수해야 하는 가정통신문이 매우 많습니다. 이때 기일을 지켜 제출해주면 많은 업무를 처리해야 하는 담임선생님의 업무를 조금 덜어줄 수 있습니다. 회신하지 않아도 되는 가정통신문은 가방 속에서 뺄 수 있도록 해주세요. 지난 통신문은 책가방을 쓰레기통으로 만드는 주범이기도 합니다. 만약 제출해야 하는 가정통신문을 잃어버렸거나 훼손했을 때는 당황하지 말고 학교 홈페이지에서 다운받거나 다음 날 담임선생님께 다시 요청드려도 됩니다.

꼭 알아야 하는 출결 처리

학교생활을 하다 보면 부득이하게 결석해야 할 경우가 생깁니다. 과거 부모님 세대가 초등학교(어쩌면 국민학교)에 다니던 시절에는 개근상 받는 것을 엄청 중요하게 여기기도 했습니다. 하지만 요즘은 학교 밖의 체험 활동과 코로나와 같은 전염병으로 인한 가정학습도 인정하며 융통성 있게 출결 처리를 합니다.

건강상의 문제로 갑자기 등교할 수 없게 되면 담임선생님께 문자나 전화로 말씀드리고 이후에 '결석계'라는 서류를 제출하면 됩니다. 3일 이상 결석하게 되면 진단서나 의견서를 함께 제출해주셔야 합니다. 직계가족이나 가까운 친척의 경조사로 인해 등교하

경조사로 인한 결석

구분	대상	일수
결혼	형제, 자매, 부, 모	1일
입양	학생 본인	20일
사망	부모, 조부모, 외조부모	5일
	증조부모, 외증조부모, 형제, 자매 및 그의 배우자	3일
	부모의 형제 자매 및 그의 배우자	1일

지 못했을 때도 증빙 서류가 필요합니다. 만약 서류 제출 없이 결석하게 되면 미인정 결석으로 처리될 수 있습니다. 결석을 해야 한다면 반드시 학교에 연락하셔야 합니다. 코로나19, 독감, 수족구병, 유행성 결막염, 수두, 볼거리 등과 같은 법정 감염병의 경우에는 출석으로 인정되고요. 단, 치료가 끝나고 등교할 때는 의사 소견서나 진료 확인서를 제출해야 합니다. 그 외의 병에 대해서는 질병 치료의 목적이라도 모두 결석 처리된다는 점을 유의하세요.

교외 체험학습 신청을 하는 경우도 있습니다. '교외', 즉 학교가 아닌 장소에서 학습하겠다고 미리 계획서를 제출한 뒤 학교장의 허가를 받아야 합니다. 체험학습 이후에는 체험학습 내용을 간단하게 적은 보고서를 담임선생님께 제출해야 합니다.

최근에는 코로나와 같은 법정 감염병으로 인해 '가정학습'을 원할 때도 교외 체험학습을 신청할 수 있습니다. 학교에 따라 7일에서 많게는 20일가량 활용할 수 있도록 정해놓고 있습니다. 또 연속 10일은 인정하지 않는 학교도 있으니 학교 홈페이지에서 관련 규정을 꼼꼼히 살펴보아야 합니다. 위에서 설명한 결석 유형 중 가족의 경조사와 교외 체험학습은 출석으로 인정되는 경우입니다. 단, 담임선생님이 안내하는 서류를 잘 갖춰 제출해야 합니다. 2022년 완도에서 초등학생 자녀를 포함한 일가족 자살 사건이 발생한 이후부터는 교외 체험학습 중인 학생 관리가 더욱 강화되어 5일 이상 장기 체험학습 시 담임선생님이 매주 학생과 직접 통화하여 안전과 건강을 확인합니다. 만약 통화가 계속 안 되거나 부모님께서 협조하지 않을 때, 교사에게는 신고의 의무가 있다는 점도 알고 계셔야 합니다. 방학 중 국외 여행을 가는 경우에는 가기 전에 미리 신고서를 제출해야 합니다. 다녀온 뒤에는 학교로 연락을 해주셔야 하고요. 안전하게 잘 다녀왔다는 사실을 학교에서 인지

결석 후 제출해야 하는 서류

5일 이내 결석	학부모 확인서와 의사 진단서(의사 소견서, 진료 확인서 등으로 병명, 기간 등이 기록된 증빙 서류)를 첨부한 결석계 제출
2일 이내 결석	증빙 서류(담임교사 확인서 등)를 첨부한 결석계 제출

하고 있어야 하거든요. 학원 수강이나 해외 어학 연수를 목적으로 교외체험을 신청하는 것은 허락되지 않습니다. 그럼에도 꼭 가야 한다면 미인정 결석으로 처리될 수 있으니 유의하세요.

평소 긴장도가 높은 아이의 경우에는 학교 수업을 빠지면서 평일에 체험학습을 가는 것이 학교생활에 좋지 않을 수 있습니다. 체험학습 동안의 누락된 학습 활동은 스스로 해결해야 하는 경우가 많습니다. 친구들은 배웠는데 자기만 하지 못했다고 여기게 되면 위축되기도 합니다. 그러니 아이의 성향에 따라 신중하게 결정하는 것이 좋습니다.

결석계 예시

결 석 계

학년 반 번

이름 :

결재	교감	교장
	전결	

위 학생은 다음과 같은 사유로 결석(하였으므로, 하고자) 결석계를 제출하오니 허락하여 주시기 바랍니다.

1. 결석 사유 :

2. 결석 기간 : 20 년 월 일 ~ 월 일(공휴일제외, 일간)

※증빙서류: □의사진단서 □의사소견서 □진료확인서 □투약봉지 □병원 처방전 □학부모의견서 □담임교사확인서 □기타

20 년 월 일

보호자 : (인)

초등학교장 귀하

담임교사 확인서

위 사실을 (의사진단서 · 소견서, 보호자 면담, 보호자와 전화 통화, 가정방문,)으로 확인함.

◎ 결석유형 : □ 질병 □ 미인정 □ 기타 □ 출석인정

20 년 월 일

담임 : (인)

교외 체험학습 신청서 예시

「학교장허가 교외체험학습」 신청서

담임	교감	교장
	전결	

성 명	최예림	1 학년 4 반 25 번	휴대폰	010-0000-0000
본교 출석인정기간 연간(20)일	신청 기간	20 년 9 월 8 일 ~ 월 일 (1) 일간		
	1. 우리 학교 학교장허가 교외체험학습 규정 및 불허기간을 확인하였음 2. (연속)5일 이상 교외체험학습 시, 학생이 5일마다 학교에 본인의 안전을 알리도록 지도하겠음			보호자 (인)
학습형태	◦가족동반여행(O) ◦친·인척 방문( ) ◦답사·견학 활동( ) ◦체험활동( ) ◦기타( )			
목적지	제주도	(숙박시) 숙박장소	○○리조트	
보호자명	하유정	관계	모	휴대폰 010-0000-0000
연속 5일 이상 신청	(X)	학교에 연락할 날짜	(X)	
교외 체험 학습 계획	1. 제주도의 지리적 특성과 지형 알아보기 2. 제주도 유적지와 박물관 관람으로 제주 역사 알아보기 3. 제주도의 전통과 문화 체험하기 4. 가족과 함께 제주도 특산물과 음식 맛보기			

최소 3일 전 신청서 제출하기!

위와 같이 「학교장허가 교외체험학습」을 신청합니다.

20 년 9 월 5 일

보호자 : 하유정 인 또는 서명

학생 : 최예림 인 또는 서명

○○초등학교장 귀하

---------------(이하 담임 작성)---------------

「학교장허가 교외체험학습」 승인서

성 명		학번		학교에 연락할 날짜		학교전화번호	
본교 출석인정기간 연간 (20)일	신청 기간	20 년 월 일 ~ 월 일( ) 일간					
	허가 기간	20 년 월 일 ~ 월 일( ) 일간					
금회까지 누적 사용기간 ( )일	다음 내용을 숙지하여 주시기 바랍니다. 1. (연속)5일 이상 체험학습 시, 보호자는 학생이 5일마다 학교에 본인의 안전을 알리도록 지도해야 함 2. 위반 시, 미인정결석 처리 또는 불가피한 경우 수사기관 신고대상이 될 수 있음 20 년 월 일 ○○ 초등학교 ( )학년 ( )반 담임교사 : (인) 보호자님 귀하						

※ **보호자가 신청서를 제출하였다 하여 체험학습이 허가된 것이 아니며 담임교사로부터 반드시 최종 승인서 (또는 문자)를 받은 후 실시해야 함.**

※ (연속) 5일 이상 가정학습이나 체험학습 신청할 경우, 보호자는 학생이 5일마다 학교에 본인의 안전을 알리도록 해야 합니다. 담임교사와 통화해 학생의 안전과 건강을 확인시켜 주십시오.

※ **신청서 제출 기한은 3일 전까지, 보고서 제출 기한은 10일 이내 (휴일포함) 제출해야 함.**

교외 체험학습 결과 보고서 예시

「학교장허가 교외체험학습」 결과보고서

담임	교감	교장
	전결	

성 명	최예림	학년 반	제 1 학년 4 반 25 번
교외체험학습 기간		20　년 9 월 8 일 ~ 월 일 (1) 일간	
교외체험학습 장소		제주도	
학습형태	◦가족동반여행(V) ◦친·인척 방문( ) ◦답사·견학 활동( ) ◦체험활동( ) ◦기타( )		
제 목	가족과 함께 제주도 문화체험하기		

* 각 일정별로 느낀 점, 배운 점 등을 글, 자료, 그림 등으로 학생이 직접 기록합니다.

1. 제주도는 화산섬이다. 제주도 한가운데에 한라산이 있다.
2. 제주도에는 화산 폭발 후 만들어진 천연동굴이 많다. 그중 하나가 만장굴이다.
3. 제주도에는 에코랜드, 수목원야시장과 같은 놀거리가 많다.
4. 제주도는 4.3 사건과 같은 슬픈역사가 있다.

한라수목원에서 여러가지 체험하기!

4.3 평화공원 에서 슬픈역사를 만나다!

에코랜드는 기차여행이 최고지!

제주도에 오면 고기국수를 먹어야지!

협재해수욕장에서 물놀이를 첨벙첨벙!

위와 같이 「학교장허가 교외체험학습」 결과보고서를 제출합니다.

20　년 9 월 8 일

보호자 : 하유정 (서명) 서명

학생 : 최예림 인 또는 서명

○○초등학교장 귀하

학교마다 다름

※ 교외체험학습 보고서 제출 기한 : 체험학습 종료 후 10일(휴일포함) 이내

초등학교의 1년살이

학교에서는 1년간 예정된 학교 행사와 교육 활동을 요약한 달력 형태의 학사 일정표를 제공합니다. 연간 학사 일정을 참고하여 가정의 휴가 계획이나 체험학습, 집안 행사를 조절하도록 합니다. 예를 들어 3월에 예정되어 있는 학부모 총회나 학부모 상담 날짜에 맞춰 개인 일정을 미리 조절해보면 좋습니다. 또 4월에 과학의 달 행사가 예정되어 있으면 4월 중순부터 미리 과학에 대한 영화나 책을 보고, 과학관과 같은 체험 활동을 계획해볼 수도 있습니다. 연간 학사 일정 중에서 비교적 중요한 일정 몇 가지를 소개해드립니다.

입학식

입학식은 학교 운동장이나 강당에서 부모님과 함께 진행합니다. 입학식 행사에서는 6학년 언니 오빠들이 입학을 축하하는 의미의 선물이나 사탕 목걸이를 걸어주기도 합니다. 각 반에 모인 아이들은 학교생활에 대한 간단한 안내를 받고 첫 학교생활의 일정이 마무리되지요. 그래서 입학식은 평소 일과보다 조금 늦게 시작하여 점심시간 이전에 마무리됩니다. 급식 실시 여부는 학교마다 다를 수 있습니다.

아이들에게 입학식에서 교장 선생님과 담임선생님께서 어떤 말씀을 하셨는지 물어보며 초등학교 생활에 대해 진심으로 궁금해하는 모습을 보여주세요. 학교생활을 할 때 조금 더 경청하고 자세히 살펴보는 아이가 될 거예요.

학부모 총회

학부모 총회는 대체로 3월 중순에서 3월 말 사이에 열립니다. 학교 강당에서 전체적인 교육 과정 설명회를, 교실에 모여 학급 운영에 관한 담임선생님의 안내를 들을 수 있습니다. 학교마다 방법이 다를 수 있지만 많은 학교에서 학부모 총회를 통해 학부모 단체를 조직하거나 임원 선출을 하기도 합니다. 그리고 총회를 통해 학교의 전반적인 운영 사항과 협조 사항을 안내드리기도 하지요. 오롯이 학부모님들과 학교가 소통할 기회이기 때문에 바쁜 시간을 쪼

개어 참석하는 것이 좋습니다. 그리고 학교를 공식적으로 방문할 기회가 그리 흔하지는 않으니까요.

과학의 달 행사

대부분의 학교는 4월에 과학의 달 행사를 합니다. 저학년은 과학의 달 행사로 과학 상상화 그리기를 주로 합니다. 이때, 행사 당일에 그림을 그리자고 하면 막막해하는 아이들이 대부분입니다. 과학 상상화 그리기는 일상생활을 소재로 삼는 것이 아니기에 초등 저학년 아이들에게는 어려운 주제입니다. 그림 속에 과학적인 내용과 번뜩이는 아이디어를 녹이기에는 아직 아이들이 어리지요. 미리 과학에 관한 영화나 책을 접하고 다양한 아이디어를 생각해두었다가 과학의 달 행사에 활용하도록 지도해주세요. 또 우리 생활에서 불편한 점을 떠올려보고 개선된 미래의 모습을 상상해보는 것도 좋습니다.

현장 체험학습

4, 5월경이 되면 1학기 현장 체험학습을 가게 됩니다. (물론 학교마다 다를 수 있습니다.) 저학년은 도보로 이동하거나 버스를 타고 1시간 이내의 장소로 갑니다. 만약 아이가 멀미를 자주 하는 편이면 출발 전에 미리 멀미약을 먹이는 것도 좋습니다. 아이 컨디션을 위해서 말이죠.

간식은 과자를 봉지째로 가지고 오는 것보다 뚜껑 있는 통에 몇 가지를 조금씩 담아 먹을 만큼 가지고 오는 것이 좋습니다. 다 먹지 못하고 남은 간식은 낯선 공간에서 아이 스스로 처리하기 힘들기 때문입니다. 음료수보다 물이 좋지만, 만약 음료수를 가져온다면 뚜껑을 여닫기 편한 종류로 준비합니다. 돗자리는 부피가 커서 손에 들고 다녀야 하는 것보다 작게 접어 가방에 넣을 수 있는 것이 좋습니다. 크지 않아도 괜찮아요.

현장 체험학습에 들뜬 마음에 평소에는 들고 다니지 않던 고가의 장난감이나 게임기를 들고 오는 학생들이 종종 있습니다. 분실과 파손의 위험이 있는 물건은 소지하지 않는 게 좋겠지요?

학생정서행동특성검사

4월이 되면 1학년과 4학년을 대상으로 정서 행동 문제를 예방하고 보정하는 차원에서 학생정서행동특성검사를 실시합니다. 학생정서행동특성검사는 온라인으로 이루어지므로 정해진 기간 안에 꼭 실시해야 합니다. 만약 온라인으로 설문에 응답하지 못하면 설문지로 대체할 수도 있습니다. 이 검사는 부모-자녀 관계, 학습 부진, 불안과 우울, 사회성 부진, 과민행동, 반항성 등을 확인하는 설문으로 의학적 진단 평가가 아닌 약식 검사입니다. 따라서 학교생활기록부나 건강기록부에 기재되지 않습니다. 문항지를 꼼꼼하게 읽고 아이에게 눈에 띄는 문제가 없다면 객관성에 기초하여 허용적으로 체크하는 것이 좋습니다. 단, 지나치게 허용적이면 곤란하겠지요. 만약 작은 문제가 발견되더라도 너무 염려 마세요. 조금만 관심을 기울이고 치료한다면 다 괜찮아집니다. 검사는 해당 사이트의 각 시도 교육청에 접속하여 여러 문항 중 해당 사항에 체크하고 제출하기 버튼을 클릭하면 완료됩니다.

5월이 되면 정상, 일반 관심군, 우선 관심군, 고위험군으로 분류되어 결과가 통보됩니다. 아이가 관심군에 속하게 되면 2차 검사를 하거나 상담을 거쳐 외부 전문 상담 기관과 연계됩니다. 긴급조치가 필요한 고위험군은 발견 즉시 전문 병원에서 관리하게 되어 있습니다. 해마다 20퍼센트 내외의 아이들이 관심군으로 판별이 되고, 점점 느는 추세라 우리 아이의 정서와 행동도 유심히 살펴봐야 할 것 같아요.

건강검진

1학년과 4학년은 지정된 병원에서 무료로 건강검진과 구강검진을 받게 되어 있습니다. 1학년 건강검진에서는 키, 몸무게, 혈압, 청력, 시력, 소변, 혈액 검사를 받게 됩니다. 구강검진에서는 부정교합과 충치, 구내염 등을 확인하고요. 검진이 끝나면 병원에서 주는 결과지를 학교에 제출해야 합니다. 검진 결과를 일괄적으로 학교에 바로 통보하는 병원도 있어 병원으로부터 결과를 듣지 못했을 때는 나이스 학부모 서비스에서 확인할 수 있습니다. 건강검진 안내를 받게 되면 가급적 빠른 시일 내에 지정병원에 예약하세요. 1학기 말로 갈수록 원하는 날짜는커녕 2학기로 넘어가기도 합니다. 대체로 10월 이전에 검진을 완료하도록 권고하고 있지만, 가급적이면 1학기 중에 하면 좋습니다. 학기 중에 바빠서 건강검진을 하지 못했다면 여름방학을 활용해서 꼭 하도록 합니다. 숙제는 미루는 것보다 빨리 해결하는 게 마음이 편하니까요.

소아비만 조심하기

가톨릭대 소아과학교실 안문배 교수팀은 코로나 이전 기간에 과체중이나 비만에 속했던 어린이는 전체의 23.9퍼센트였는데, 코로나 이후 이 비율이 31.4퍼센트로 증가했다는 연구 결과를 발표했습니다. 변화를 보인 영역은 체중뿐만이 아니었습니다. 콜레스테롤 수치도 전반적으로 증가했고, 햇빛으로 합성되는 비타민 D의 양은 감소한 것으로 확인되었거든요. 가정에서 머무는 시간이 길어지면서 햇빛을 보는 시간은 줄고 칼로리 섭취는 늘었기 때문입니다. (※ 연합뉴스, 코로나19 '집콕'에 어린이 비만, 비타민 D 결핍 늘어)

야외 활동은 줄고 실내 활동 시간이 길어지게 되면 자연스럽게 신체 활동은 줄게 됩니다. 집안에서 뒹굴며 TV를 보던 아이가 입이 심심하다며 간식을 찾습니다. 할머니는 "어릴 때 찐 살은 싹 다 키로 가니까 많이 먹어라"라며 통통한 손주가 마냥 귀엽습니다. 물론 귀엽지요. 하지만 소아 비만을 가볍게 여기기에는 그 결과가 가볍지만은 않습니다. 최근에는 어렸을 때 비만이면 지방 세포의 크기와 개수가 모두 증가해서 성인이 되었을 때도 비만에서 벗어나기 어렵다는 사실이 이미 잘 알려져 있죠. 특히 비만은 성조숙증을 유발하는 주범이기도 합니다.

적당한 간식은 괜찮지만 칼로리만 높고 영양은 부족한 간식으로 배만 채우지 않도록 유의해야 합니다. 또한 규칙적인 운동은 무조건 해야 하고요. 코로나든 팬데믹이든 말이죠. 거창한 운동 종목을 선택해서 하라는 말은 아닙니다. (물론 거창한 운동도 괜찮지만요.) 하루 30분에서 1시간 정도는 놀이터나 운동장에서 뛰어놀기라도 해야 한다는 말이에요. 그것도 이마에 땀이 송글송글 맺히고, 숨이 찰 만큼 말이죠. 나가서 놀기 어렵다면 실내에서 운동할 방법을 찾거나 집 앞에서 간단하게 줄넘기라도 할 수 있도록 도와주세요.

여름방학

7월 중순 이후에 여름방학이 시작됩니다. 방학을 앞두고 2학기 교과서를 배부받습니다. 방학 중에 다음 학기에 배우는 내용을 미리 살펴보는 것도 좋겠지요. 방학식 날 1학기 생활통지표를 받게 됩니다.

학예회

학예회는 학급별로 진행하거나 학년별 또는, 전교생들이 함께 강당에서 진행합니다. 방과후학교 활동을 발표하기도 하고요. 학년별로 단체 율동이나 단체 합주, 합창을 미리 연습하고 준비하기도 합니다. 보통 운동회와 격년제로 진행하는 학교가 많습니다.

종업식과 겨울방학

학년이 끝남을 알리는 행사입니다. 이때 2학기 생활통지표도 받게 됩니다. 통지표에는 다음 학년도 반이 표시되어 있습니다. 새로운 학년의 반 편성도 이날 안내가 되는 거지요. 새학년 반 편성은 주로 가, 나, 다, 라… 반으로 안내가 됩니다. 1, 2, 3, 4…반으로 안내가 되지 않고 가, 나, 다, 라…반으로 안내되는 이유는 학년의 모든 학생을 골고루 분반하는 작업은 12월 중에 하지만, 새 학년 담임교사 편성은 2월 중에 이루어지기 때문입니다. 이때 담임교사와 함께 1, 2, 3반과 같은 학반도 정해지게 됩니다.

많은 학교가 겨울방학을 지내고 2월 중에 1~2주가량 학교 수업을 진행한 뒤, 종업식을 합니다. 종업식 이후부터 3월 개학까지 봄방학을 보내고요. 하지만 최근에는 겨울방학과 동시에 종업식을 하는 학교도 꽤 많습니다. 2월 중에 있는 봄방학 없이 긴 겨울방학을 보낸 후 바로 다음 학년으로 넘어가는 거죠. 학사 일정이 조금 차이 나더라도 전체적인 수업 일수와 방학 일수는 전국의 학교가 거의 비슷합니다. 국가 교육 과정에서 수업 일수를 190일 이상으로 정해두고 있기 때문이죠.

학부모 상담

아이와 선생님과의 관계도 중요하지만, 학부모와 교사와의 유대관계 또한 굉장히 중요합니다. 그런 의미에서 학부모 상담은 특히 더 의미가 깊습니다. 학교마다 학부모 상담 기간을 정해두는 것이 다릅니다. 어떤 학교는 4월 전후로 일주일가량 상담 기간을 정해두고 있습니다. 또 어떤 학교는 별도의 상담 기간 없이 수시상담을 받기도 하고요.

상담은 가정통신문과 학급 앱을 통해 상담 방법과 희망 시간을 확인하고 조율한 뒤 확정된 상담 시간을 담임선생님이 알려줍니다. 부산의 경우, 방문 상담을 하려면 '학부모 방문 상담 사전 신청 프로그램' 사이트에서 먼저 예약해야 합니다. 과거에는 학부모가 직접 학교로 방문해서 상담하는 대면 상담이 주를 이루었다면 요즘에는 전화 상담과 같은 비대면 상담 비율이 더 늘고 있는 추세입니다. 상담 방법이나 상담 시간은 주변 눈치 보지 말고 원하는 대로 신청하면 됩니다. 상담 기간이 따로 정해져 있지 않더라도 필요하다면 너무 고민하지 마시고 상담하세요. 상담 시간은 보통 20분 정도로 30분을 넘기지 않습니다. 그렇다고 20분을 꽉 채워야 하는 것도 아닙니다.

학부모 상담은 담임선생님이 우리 아이의 학교생활 전반에 관한 이야기를, 부모님은 아이에 대한 여러 이야기를 전하는 시간입니다. "서로 인사 나누세요" "무엇이든 물어보세요"처럼 공식적인 소통 시간인 거죠. 이 시간을 이용해서 담임선생님과 소통하고, 서로 신뢰를 표현한다면 담임선생님 입장에서는 그리 고마울 수가 없습니다. 하지만 담임선생님은 가까이하기에는 너무 먼 당신 같지요? 옆집 언니처럼 편한 관계까지는 되기 어렵겠지만 의논할 일이 생긴다면 가장 먼저 떠올리는 사람이 담임선생님이어야 합니다.

1학기 상담

특히 1학기 상담에서는 아이에 대한 여러 정보를 선생님에게 알려주는 것이 좋습니다. 학습적으로 걱정되는 부분이나 생활면에서 어려운 점, 건강과 관련해서 알아둬야 할 부분을 미리 정리해두고 선생님께 전달해주세요. 사소한 것도 괜찮아요. "동생을 잘 돌보는 아이예요" "어렸을 때 크게 다친 곳이 있어요" "수술한 적이 있어요" 등 선생님이 알고 있으면 도움이 될 만한 정보들도 알려주세요. 아이가 어떻게 자랐는지, 부모님의 양육 태도와 방식은 어떤지, 혼자 있을 때 주로 어떻게 시간을 보내는지, 방과 후 시간을 어떻게 보내는지에 대한 정보도 좋습니다.

이런 이야기들로 선생님은 아이를 더 잘 이해할 수 있습니다. 또 아이가 지닌 재능은 마음껏 드러내주세요. 요즘은 국가 차원에서 지원하는 분야가 많아서 선생님이 좋은 정보를 알려줄 수도 있습니다.

'담임선생님께 굳이 그런 이야기까지 할 필요가 있을까?' '괜히 아이를 선입관을 가지고 대하지는 않으실까?'라는 염려가 생긴다면 하나부터 열까지 모두 다 말할 필요는 없습니다. 다만, 담임선생님이 모르는 것보다 알고 있을 때 아이를 조금 더 세심하게 지도할 수 있습니다.

2학기 상담

1학기 상담은 부모님이 아이의 이야기를 선생님에게 전달하는 기회였다면, 2학기 상담은 담임선생님으로부터 다양한 이야기를 들을 수 있는 기회입니다. 담임선생님이 수업 태도, 교우 관계 등 아이의 학교생활에 관해 이야기를 해줍니다. 다양한 이야기 속에는 아이에 대한 좋은 이야기가 주를 이루지만 간혹 부족한 점이나 부모님의 관심과 지도가 필요한 부분에 대해 듣게 되는 일도 있습니다. 선생님으로서는 굉장히 고민을 많이 하고 조심스레 전하는 부분이지요. 이렇게 마음 불편한 이야기를 꺼내는 이유는 단 하나입니다. 함께 잘 이끌어보자는 거예요. 그러니 너무 속상해하지 말고 부족한 부분을 개선하는 과정을 담임선생님과 함께 공유하고 상의하기를 바랍니다.

상담에서 절대 해서는 안 되는 말

'작년 선생님은~' '옆 반은~' 이런 종류의 말은 내용이 좋든, 안 좋든 간에 불편한 말입니다. 현재 담임선생님의 학급경영에 대한 불만을 예전 담임선생님이나 옆 반 선생님과 비교한다면 결국 마음이 상하기 마련입니다. 반대로 현재 담임선생님의 학급경영이 만족스러워 예전 담임선생님이나 다른 반 선생님과 비교하는 것도 듣기 불편할 수 있습니다. 교사도 사람이라 좋지 않은 이야기를 전하는 부모님과는 마음의 거리감이 생길 수밖에 없으니 비교하는 말은 생략하고 본론만 말해도 충분히 전달됩니다.

현실적으로 담임선생님과 개인적인 친분이 쌓이는 건 어렵겠지요. 그렇다고 너무 거리감을 가질 이유도 없습니다. 우리 아이를 위해서라면 담임선생님과 심리적 거리가 좁은 게 더 좋겠지요. 어떻게 하면 선생님과 심리적 거리를 좁힐 수 있을까요? 바로 공감입니다. 학부모와 교사는 학생이라는 공통 관심사로 엮여 있습니다. 아이를 교육하는 데 있어서 같은 방향의 교육관을 가지고 있다면 심리적으로 더욱 가까워질 수 있습니다.

학교생활에 불만이 있다면?

1학년 담임을 맡게 되면 한 학급에 75명을 돌봐야 한다는 우스개 이야기가 있습니다. 1학년 학생 25명, 엄마 25명, 할머니 25명, 총 75명인 셈이지요. 아이를 초등학교에 처음 입학시킨 부모님은 학교에 대한 기대와 함께 요구 사항도 많습니다. 그래서 학교에서도 가급적이면 1학년 담임교사 배정에 경험이 풍부한 선생님을 배정하지요. 또 1학년에 배정받은 선생님은 진급했다고 표현하기도 하고, 지역에 따라서는 이동가산점을 주기도 합니다. 한마디로 비선호 학년인 거죠.

1학년뿐만 아니라 어느 학년이든 마찬가지겠지만 아이를 학교에 보내놓고 나면 학교에서 이루어지는 교육 활동에 대해 건의 사항이 생기기도 합니다. 이때 담임선생님께 먼저 연락을 취하기도 전에 교육청에 민원을 제기하는 경우도 있습니다. 곧바로 교육청에 민원을 제기하면 절차가 복잡해져 문제 해결이 더딜 수도 있습니다. 교육청에서는 학교를 조사하고 민원 처리를 한 뒤 그 결과를 민원인, 즉 학부모에게 통지하게 됩니다. 또 섣불리 민원을 제기했다가 사소한 오해였음을 알고 철회하는 일도 종종 있습니다. 일단 문제점에 대해 담임선생님께 문의를 드린 뒤에 민원을 제기해도 늦지 않습니다. 분명 옳지 않은 교육 활동은 시정되어야 마땅하나 가급적이면 부모님, 선생님, 아이까지 상처받지 않고 유연하게 처리되는 것이 가장 좋겠지요.

학교 행정에 대한 건의 사항은 그 일을 담당하는 분에게 말씀드리는 것이 좋습니다. 급식과 관련된 건의 사항은 급식소에, 학사 운영과 관련된 건의 사항은 교무실에, 기타 행정 업무와 관련된 사항은 행정실로 문의를 해보면 됩니다. 담임선생님은 해당 업무를 담당하지 않는 이상, 정확한 업무 처리 절차를 모를 수도 있기 때문이에요.

담임선생님이 연세가 많으시다면?

학교에는 다양한 연령의 선생님들이 있지만 아이들과 부모님 입장에서는 젊은 선생님을 선호할 수 있습니다. 그 심정, 충분히 이해합니다. 하지만 오랜 시간, 학교에서 근무를 해보니 연세가 많은 선생님들은 젊은 선생님들이 가지지 못한 경험과 노련함을 갖고 계셨습니다. 또 경력이 많을수록 어린이들에 대한 이해가 깊습니다. 젊은 선생님들이 겪는 여러 고충에 혜안을 주기도 하는 인생 선배이기도 합니다. 부모님들에게도 마찬가지입니다. 젊은 엄마 아빠 눈에는 보이지 않는 아이의 또 다른 면모를 찾아주시기도 합니다. 너무 어려워하거나 부정적인 감정을 미리 갖지 마세요. 아이들에게도, 우리 부모에게도 좋은 인연이 되어줄 분입니다.

상담 기간에 시간을 내기 어렵다면?

부모님들이 생각하는 것 이상으로 담임선생님은 수업 이외의 다양한 업무를 합니다. 학급 아이들과 함께하는 일과 중에는 수업으로 바쁘고, 학생들이 하교한 이후부터는 본격적으로 업무를 처리하느라 바쁘지요. 특히 학기 초나 학기 말이라면 여유라고는 찾아보기 어렵습니다. 그래서 정해진 학기 초에 상담을 굳이 하지 않고, 다른 상담 날짜를 담임선생님과 정하는 것도 괜찮습니다.

아이에게 긍정적인 피드백 전달하기

상담이 담임선생님과 부모님의 대화로만 마무리된다면 아쉽습니다. 아이들은 부모님이 선생님과 상담을 한다는 사실을 알고 있습니다. 부모님이 자신에 대해 어떤 이야기를 전할지, 학교생활에 대해 선생님이 어떤 이야기를 전할지 엄청 궁금해하지요. 상담이 끝나고 나면 아이에게 담임선생님의 이야기를 전해주세요.

"담임선생님께서 우리 예설이가 친구들을 잘 배려한다고 칭찬하셨어. 엄마도 덩달아 기분이 좋은걸."

선생님과 부모님의 기대와 관심이 아이에게 긍정적인 피그말리온 효과로 전해지게 될 거예요.

아이의 문제 행동을 수정하거나 좋은 행동이 강화될 수도 있고요. 상담이 끝나고 나면 잊지 말고 아이의 학교생활에 대해 긍정적인 피드백을 전해주세요.

상담을 하다 보면 눈물이 날 때가 있습니다. 부모님들은 학교에 적응하지 못하는 아이를 보며 애착 형성이 안 된 것 같다고 자책하며 눈물을 보입니다. 누가 봐도 반듯한 아이인데 너무 엄격하게 키워 아이가 주눅들어 있다고 눈물을 보입니다. 친구와 갈등을 겪는 아이를 보며 엄마 탓이라며 눈물을 보입니다. 학부모님이 눈물을 흘리면 그때만큼은 저도 똑같은 부모의 마음으로 함께 눈물이 흐릅니다.

이래도, 저래도 미안함이 앞서는 게 부모 마음입니다. 얼마나 많은 밤을 뒤척였을지 그 마음이 눈으로 읽힙니다. 후회와 자책의 눈물이 그토록 가슴 짠한 이유는 얼마나 많은 고민의 흔적인지 잘 알고 있기 때문입니다. 어떻게든 잘 키워보고자 학부모 상담도 하고, 상담 중에 고민도 털어놓고, 눈물도 흘리고 하는 거니까요. 경험상 이렇게 진중하게 고민하는 부모님들의 아이는 큰 문제가 없습니다. 진짜 상담이 필요한 아이의 학부모님은 상담을 신청하지 않거나 자녀에게 전혀 문제가 없다고 단언합니다. 적어도 아이의 문제로 깊은 밤, 잠이 오지 않았던 경험이 있다면 충분히 좋은 부모입니다.

과정 중심 평가

부모님이 가장 신경 쓰이는 부분 중의 하나가 바로 평가가 아닐까 합니다. 학교에서 하는 평가는 '라떼는~' 시절의 평가와 많이 달라졌습니다. 특히 1학년은 더욱 그렇고요. 우리가 일반적으로 떠올리는 시험을 치르는 풍경은 거의 찾아볼 수가 없어요. 여러 날 동안의 성장 정도를 평가하기도 하고, 여러 번의 기회를 주기도 합니다. 객관적인 평가가 이루어질 수 있는지, 공정한 평가가 가능한지 의문이 들지도 모릅니다. 그렇다면 열린 마음으로 초등 교육 과정 평가에 대해 알아볼 필요가 있습니다.

단편적인 지식 암기 위주의 학습이 과연 미래 사회에 얼마만큼 필요한 역량일지 사고의 전환이 필요한 시기지요. 특히 팬데믹으로 인해 미래 사회가 한 걸음 더 성큼 다가왔으니까요. 이미 저장된 양질의 데이터 속에서 본인에게 필요한 정보를 직관적으로 탐색하고 논리적으로 본인의 것으로 재구성할 수 있는 능력을 키워야 미래 사회를 대비할 수 있는 미래 인재로 성장할 수 있습니다.

초등 평가의 방향을 살펴봄으로써 기본적인 자녀의 교육 방향을 생각해본다면 조금 더 미래 인재상에 근접한 방향으로 나아갈 수 있겠지요.

단순히 너는 몇 점, 너는 몇 등과 같은 결과에 집착하는 것이 아니라 학습 동기, 바른 태도와 책임감, 자기효능감 등의 기본 학습력을 키워야 하는 때가 바로 초등 시기입니다. 공부 습관만 잡아둔다면 학교생활, 나아가 사회생활에 필요한 역량을 얼마든지 기를 수 있으니 오늘의 점수만으로 아이의 가능성을 평가절하하지 않도록 해야 합니다. 학교에서도 지속적으로 재평가의 기회를 주면서 아이의 성장 정도를 기록하니까요. 진정한 성장은 남보다 더 잘하는 상대평가의 개념이 아니라 내 안에 있는 절대평가입니다.

◇과정 중심 평가

평가의 방향은 한마디로 정리한다면 결과 중심에서 과정 중심으로 전환되었다는 것입니다. 우리가 흔히 떠올리는 평가의 의미는 100점 만점에 몇 점, 반에서 몇 등과 같은 점수와 등수로 결과를 수치화하는 양적 평가였습니다. 하지만 평가의 방향이 학생들

학습 결과에 대한 평가		학습을 위한 평가
① 학기 말, 학년 말에 시행 (등급, 성적표 제공을 위한 평가) ② 종합적 평가 ③ 결과 중심 평가 ④ 교사 평가	➡	① 교수 · 학습 중 지속적으로 시행 (학습에 도움을 주기 위한 평가) ② 진단적, 형성적 평가 ③ 결과 및 과정 중심 평가 ④ 교사 평가, 자기 평가, 동료 평가

의 전반적인 수행 과정을 학습 중에 지속적으로 평가하는 질적 평가로 변화되었습니다. 과정 중심 평가는 개별화를 지향하기에 한 학생의 성장 정도를 파악하여 성취 기준에 도달할 수 있도록 적절한 피드백을 지속적으로 제공합니다. 학생의 지식 수준을 평가해서 한 줄 세우기를 하는 것이 아니라 배움의 전 과정에서 개인의 성장 정도를 평가하는 것이죠.

◇과정 중심 평가 방식 : 수행 평가

수행평가라는 말은 많이 들어보았지만, 정확히 어떤 것인지는 모르겠다는 부모님들이 많습니다. 수행평가를 한마디로 요약하면, 지필 평가에서 벗어나 평가에 다양성을 더한 것입니다. 과정 중심 평가의 대표적인 방식이죠. 우리 때는 객관식과 주관식을 섞어 20~25개의 문항을 시간 내에 푸는 지필 평가를 봤었지요. 단편적인 지식을 아는지 모르는지 사지선다형으로 고르거나 단답형으로 정답을 알아맞히는 방식이었습니다.

하지만 요즘 초등학교에서는 일제형 지필 고사는 거의 사라졌습니다. 담임선생님 재량으로 단원평가 형식의 시험을 치기도 하지만 성적과는 무관하게 진행됩니다. 현재의 수행평가는 교과 지식을 바탕으로 학생이 직접 실행할 수 있는지, 실행하는 과정에서 자기효능감과 같은 정의적 영역, 즉 태도는 바람직한지 등을 포함해 전반적으로 평가하는 것이 그 특징입니다.

평가 방법

과정 중심 평가는 평가와 수업의 통합을 추구합니다. 다시 말해 수업의 전 과정을 평가로 간주하는 건데요, 개별 활동이나 모둠 활동하는 과정, 참여 정도, 학생 발표, 학생 간의 질의응답 등 교사가 관찰하는 모든 내용이 평가의 대상이 됩니다. 순회 지도를 하면서 학생과 나누는 일대일 대화 자체가 구술 평가이며 면담 평가가 되는 것입니다.

그리고 학습 전 과정에서 모인 결과물로 평가하는 포트폴리오 평가, 지식을 바탕으로 정보를 찾고 요약해서 정리할 수 있는 서술 평가, 수업 전 과정에서의 참여도, 학습자의 자아 개념, 가치관, 태도, 흥미, 책임, 협력, 동기, 자신감, 자기효능감 등의 정의적 영역 또한 관찰을 통해 평가합니다. 평가를 통해 학생의 강점과 약점을 파악하여 바람직한 방향으로 성장할 수 있도록 피드백을 제공하는 것이 목적이지요. 그래서 결과물은 좋더라도 태도가 좋지 않다면, 그 내용이 생활통지표의 '교과 학습 발달 상황'란에 기록될 수도 있습니다.

요즘에는 담임선생님이 학급별로 평가 방법, 시기, 문항을 계획하고 운영합니다. 기본적인 평가 영역과 성취 기준은 동일하지만 반별로 활동한 방법과 내용이 조금씩 다르기 때문에 평가 또한 학급별로 이루어집니다. 평가 계획은 과목별로 어떤 영역을 언제쯤 실시할 예정인지에 관해 매 학기 초에 학교 홈페이지나 가정통신문으로 안내됩니다. 이를 통해 '이번 학기에는 이런 내용을 배우고 평가하는구나' 정도를 알아두면 됩니다. 평가 안내문은 눈에 띄는 곳에 붙여두고 시기에 맞게 체크해보는 것도 좋습니다.

◇학교알리미 사이트 활용하기

학교알리미는 한국교육학술정보원에서 관리하는 정보 공시 사이트입니다. 평가 계획뿐만 아니라 학교 시설, 교원 및 학생 현황, 교육 활동, 방과후학교 운영 계획, 학부모 상담 계획, 보건 관리 현황 등의 주요 정보를 확인할 수 있습니다.

학교알리미

학교알리미 사이트 메인 검색창에 학교명을 검색하여 해당 학교 기본 정보와 전체 항목을 열람할 수 있습니다.

생활통지표로 평가 결과 확인하기

◇생활통지표 양식은 학교마다 다르다?!

'2024학년도 생활기록부 기재 요령'에 보면 서술형 입력 항목은 당해 연도에 공개하지 않는, 즉 비공개를 원칙으로 한다고 되어 있습니다. 하지만 각 초등학교에는 학업성적관리위원회가 있어, 이곳에서 생활통지표의 양식과 내용에 관한 규정을 정해요. 그래서 학교마다 생활통지표의 양식과 공개의 범위는 다를 수 있어요. 또 어떤 학교는 한 학기에 두 차례, 어떤 학교는 방학을 앞두고 한 번만 통지하기도 합니다. 만약 생활기록부 내용이 궁금하다면 다음 학년도에 나이스 학부모 서비스로 확인하면 됩니다.

나이스 학부모 서비스
학교생활 정보를 PC와 모바일 기기로 확인할 수 있는 서비스입니다. 학교생활기록부, 성적표, 식단표, 건강기록부 등 92종의 정보를 확인할 수 있습니다. '나이스 대국민서비스' 사이트에서 '학부모서비스'를 선택합니다. 처음 이용할 경우 회원가입 후 '자녀등록하기'를 완료하면 전 학년의 생활기록부 정보를 열람할 수 있습니다.

◇생활통지표와 생활기록부는 다르다?!

생활기록부는 법정 장부, 즉 기록으로 남는 문서입니다. 반면 생활통지표는 법정 장부가 아니기 때문에 문서로 남지 않습니다. 생활통지표에 가정통신문 형태로 "~했습니다. 잘합니다"라고 서술된 항목은 학교에서 학부모님께 안내해드리는 내용입니다.

◇학기 말 종합의견(교과 학습발달상황)

과목별로 평가 결과를 서술한 항목입니다. 교과마다 평가 영역과 성취 기준이 있지만, 특히 1학년은 학교생활에서 이루어지는 전반적인 모든 활동이 평가의 대상이라고 생각하는 것이 좋습니다. 100점 만점에 몇 점과 같이 정량화해서 나타내면 직관적이겠지만 아이의 평가 결과에 따른 미래 가능성을 수치화하기 어렵습니다. 과정 중심 평가 원칙과도 맥락이 같습니다. 하지만 서술된 문장을 읽다 보면 모호하게 느껴질 수도 있어요. 이때는 문장의 서술어가 어떻게 끝나는지 확인해보시길 바랍니다.

예를 들어볼까요? 과학 교과에서 '여러 가지 식물을 관찰하여 특징에 따라 식물을 분류할 수 있다'라는 성취 기준에 아이가 '잘함'에 해당하면 '다양하게 분류를 잘함' 이렇게 기술되고, '보통'이면 '식물을 분류할 수 있음', '노력 요함'이면 '분류 활동에 참여함' 이런 서술어로 문장이 종결됩니다. 잘하면 '다양하게 분류를 잘한다'고 기술하고, 보통이면 '잘하지는 못하지만 할 수 있다', 노력을 필요로 하면 '참여했다' 정도로 기술되는 거지요.

조금 더 명료하게 알려드리면 학업 성취도가 '잘함'에 해당할 때는 매우, 아주, 탁월한, 뛰어난, 두각을 보이며, 다양하게, 능숙하게, 정확하게 이런 단어가 자주 사용됩니다. '보통'에 많이 쓰이는 단어는 어느 정도, 할 수 있음, 이해함, 양호함 이런 단어들, '노력 요함'에 해당하면 간단한 수준의, 도움을 받아, 다소 어려워함, 참여함, 일부 할 수 있음, 부분적으로 할 수 있음, 이런 단어들로 주로 표현됩니다. 물론 정확한 의미는 문장의 맥락 속에서 파악해야 하며 담임선생님에 따라 기술 방식과 전하고자 하는 의미가 다를 수 있습니다.

◇수행평가 결과

생활통지표와 함께 수행평가 결과도 배부됩니다. 수행평가 결과는 도달, 미도달 이렇게 2단계부터 잘함, 보통, 노력 요함의 3단계, 매우 잘함, 잘함, 보통, 노력 요함의 4단계, 일부 학교에서는 5단계로 결과를 내기도 합니다. 평가는 단 한 차례의 평가만으로 결과를 내지 않습니다. 학생이 좋은 결과를 낼 수 있도록 여러 번의 기회를 주지만 부족한 부분이 있다면 '보통'이나 '노력 요함'을 받기도 합니다. 만약 결과에 '보통'이나 '노력 요함'이 있다면 해당 과목과 학습 내용에 결손이 생기지 않도록 잘 챙겨봐주면 됩니다.

◇창의적 체험 활동 상황

창의적 체험 활동 상황은 창체 수업 중에서 학생이 즐겁고 성실하게 참여한 활동 위주로 기술되기 때문에 특별히 부정적인 문구나 애매모호한 문장은 없습니다. '이런 활동을 했구나' 하며 편안하게 읽어보면 됩니다.

◇행동특성 및 종합의견

행동특성 및 종합의견에는 학습면, 태도면, 생활면, 교우 관계면을 두루 종합하며 문장으로 기술합니다. 이 항목에 잘하는 점에 대해 칭찬하기도 하고, 부족한 부분을 행간에 조심스럽게 넣어놓기도 합니다. 조심스럽게 넣어둔다는 건 단서 조항을 단다는 의미입니다. 예를 들어 '방학 동안 바르게 글씨 쓰는 연습을 충분히 한다면 자기 생각을 글로 쓰는 활동에 더욱 자신감이 생길 것으로 예상됨'이라는 문장에 내포된 의미는 '글씨 연습이 좀 필요하다'인 거죠. 부족한 점을 적을 때는 최대한 완곡하게, 우리 아이들의 변화 가능성을 얼마든지 열어두는 거예요. 또 다른 예시입니다.

어려운 일이 생겼을 때 다른 사람을 적극적으로 돕고 나서는 따뜻한 마음씨를 가지고 있음. 온화하고 사랑스러운 성격으로 친구들 사이에서 인기가 많으며 다양한 학생들과 두루두루 사이좋게 지냄. 꼼꼼하고 야무진 성격으로 책임감이 강하며 모든 일에 모범이 됨. 수업 시간에 굉장히 적극적이고 전 교과 학업 성취도가 매우 우수함. 보이지 않는 곳에서 묵묵히 일하는 훌륭한 성품을 지니고 있어 앞으로의 성장이 더욱 기대됨.

앞으로의 성장이 기대되는 아이, 어떤 특성이 있을까요? 종합해보면 다음과 같습니다.

첫째, 인성이 바르다.

둘째, 교우 관계가 좋다.

셋째, 학업 성취도가 좋다.

넷째, 책임감과 성실함 같은 생활 태도가 좋다.

다섯째, 수업 참여도, 수업 태도가 좋다.

만약 행동특성 및 종합의견 부분에 학교생활에서 관찰할 수 있는 이 5가지 요소가 모두 포함되어 있다면 아이가 학교생활을 정말 잘한다고 생각하면 됩니다. 물론 담임선생님마다 기술하는 스타일은 정말 다르므로 참고만 하면 됩니다. 만약 부족한 부분이 행간에 숨어 있으면 이 부분은 가정에서도 조금 더 노력하고, 기억해 두었다가 2학기 상담에서 선생님께 조금 더 자세히 물어보아도 좋습니다.

◇아이에게 긍정적인 피드백 주기

가장 중요한 것은 생활통지표에 적힌 문장에 내포된 의미를 찾는 것이 아닙니다. 적힌 내용 그대로 이해하고, 자녀에게 "1학기 동안 너무 수고 많이 했어, 방학 동안 푹 쉬기도 하고 부족한 부분은 채우기도 하면서 또 새 학기 준비 잘해보자"라며 칭찬과 격려를 해주는 것입니다. 새 학년, 새 학기에 적응하고, 공부하느라 얼마나 힘들었겠어요. 그러니 우리 아이에게는 통지표에 적힌 작은 칭찬의 말에 더 집중하도록 칭찬과 격려를 많이 해주고, 개선할 부분은 그 뒤에 약간 곁들여주기를 바랍니다.

수행평가 대비법

각 학교마다, 교사마다 평가 내용과 방법이 다르다는데, 수행평가에서 좋은 결과를 얻기 위해서는 무엇을 준비하고 대비하면 좋을까요?

선생님 말씀 경청하기

재차 강조하지만, 초등 1학년 학습 내용은 어려운 게 없습니다. 아니, 너무 쉽지요. 하지만 의외로 너무 쉬운 부분에서 좋은 점수를 받지 못하는 아이들이 있습니다. 분명 똘똘한 아이임에도 불구하고요. 이미 선행 학습으로 많이 배워 온 아이들이 그 주인공입니다. 이미 잘 알고 있는 내용이라 여기고 수업 시간에 딴짓하거나 활동에 흥미를 느끼지 못해 소극적으로 임할 수 있거든요. 잘 알고 있는 내용일지도 모르지만, 수업 시간에 집중하지 못했다면 선생님이 강조한 내용을 흘려들었을 가능성이 있습니다. 이 경우에는 수행평가에서 의외로 좋은 성적을 얻지 못하기도 합니다.

적극적으로 활동에 참여하기

수행평가는 학습의 전 과정을 평가합니다. 수업 태도, 적극성, 모둠 친구들과의 협동 학습에서의 참여도 등의 정의적 평가 영역도 포함되기 때문에 잘 알고 있다고 해서 무조건 좋은 점수를 받는 것은 아닙니다. 배운 내용을 활동에 적용하고, 친구들과 협동하여 새로운 결과물을 만들어내는 전 과정이 평가 대상에 해당합니다. 하나라도 더 배우고 익히는 것도 중요하지만 그에 못지않게 태도 또한 중요하다는 것을 알려주세요.

배울 내용보다 배운 내용 공부하기

예습이나 선행 학습보다 배운 내용을 다시 한번 공부하는 복습이 대부분의 아이들에게 더욱더 효과적입니다. 방과 후에 아이들이 학습을 할 수 있는 물리적인 시간은 제한되어 있습니다. 이 시간 동안 예습도, 복습도 튼실히 하기란 현실적으로 쉽지 않습니다. 만약 둘 중 하나를 선택해야 한다면 두말할 필요 없이 복습입니다.

평가를 위해 학원 수업을 따로 수강하는 것보다 학교 수업 시간에 충실히 공부하는 것이 더 좋은 평가 결과를 받는 방법입니다. 평가, 시험. 너무 연연하지 않아도 되는 시기가 초등 1학년입니다. 열심히 수업에 참여하고 공부해서 좋은 결과를 받으면 아이들의 자신감과 성취감이 상승할 거예요. 목표를 평가에 두지 않도록 하세요. 아이들이 즐겁고 행복하게 공부하고 학교생활하는 것에 목표를 두어야 해요.

학부모 참여 활동

"언니, 애 학교에서 무슨 대표랑 도우미를 뽑는다고 안내장이 왔는데요. 이거 꼭 해야 해요?"

1학년 학부모가 된 친한 동생이 저에게 전화를 해 이렇게 물었습니다. 아마 지금 이 책을 읽고 있는 부모님들도 그런 안내장을 받게 되면 궁금해질 거예요. '꼭 해야 하는 걸까?' '안 하면 우리 아이에게 불리한 일은 생기지 않을까?' '학교 활동하면 어떤 장단점이 있을까?'와 같은 궁금증에 답을 드리겠습니다.

무조건 꼭 해야 하는 활동은 거의 없습니다. 간혹 학교 규모와 정책에 따라 모든 학부모님의 참여가 필요한 경우를 제외하면요. 학부모 활동을 하지 않으면 아이에게 불리한 일이 생기는 것도 아닙니다. 대신 학교 활동에 부모님이 참여하게 되면 아이 교육에 대해 도움을 받는 경우가 있습니다. 학교를 방문할 기회가 생기기 때문에 학교의 정보를 직접적으로 접할 수 있고 교실의 변화나 교육 활동 모습도 쉽게 파악할 수 있습니다. 또 1학년 아이들은 학교 일에 봉사하는 부모님을 자랑스럽게 여기기도 합니다. 같은 관심사를 가지고 학교 일에 참여하는 다른 부모님들도 만날 수 있고요.

여건이 허락하는 선에서 학부모 활동을 선택하는 것이 가장 바람직합니다. 평일 낮 시간에 봉사할 여력이 안 되는데 선생님의 눈치를 봐서 가입하면 곤란합니다. 너무 무리하지 않아도 괜찮아요.

학급 대표

중, 고학년으로 올라가면 임원선거를 통해 학급 회장과 부회장(반장, 부반장)을 선출합니다. 학급 대표 어머니는 보통 학급 임원의 부모님이 하기도 하고요. 하지만 1학년은 학급 임원을 따로 선출하지 않기 때문에 부모님 중 희망하거나 추천을 받아 활동하는 경우가 많습니다.

학급 대표가 되면 먼저 드는 고민이 '학급 대표로서 어떤 도움을 줘야 할까?'일 것입니다. 과거에는 1년에 한두 번 정도의 교실 청소를 돕기도 하고, 학급 행사에 직접적인 도움을 주기도 했지만, 요즘에는 학급 대표에게 학교에서 도움의 손길을 요청하는 일이 거의 없습니다. 만약 꼭 필요한 도움이 있거나 의논이 필요한 상황이 생기면 학급 대표 부모님께 1순위로 연락을 드립니다.

그다음으로 드는 고민은 '학급 대표로서 엄마들 모임을 추진해야 하는 건 아닐까?'일 것입니다. 엄마들 모임은 선택 사항입니다. 학급 대표의 의무는 아니라는 말이죠. 코로나 이후로 많이 줄긴 했으나 단체 생일잔치를 월별로 추진한다든지, 주기적으로 반 모임을 개최해야 할 이유는 없습니다. 물론 해도 무방하고요. 저는 아이가 학급 임원을 맡게 되어 자연스럽게 학급 대표를 몇 차례 맡았지만 단 한 번도 반 모임을 개최한 적은 없습니다. 하지 않아도 불이익이 발생하는 건 아니라는 사실을 잘 알고 있기 때문이지요. 물론 학급 대표의 역할과 의무는 학교 실정과 담임선생님에 따라 조금씩 다를 수 있습니다.

학부모회

학부모회 활동은 학급 내 모임이 아닌 학부모회에 가입된 전체 학부모 모임입니다. 학교의 다양한 행사나 교육 활동에 도움을 주는 학부모 단체인 거죠. 주도적으로 학부모 연수를 주최하거나, 학생들을 위한 바자회를 열기도 합니다. 학교에 직접 방문하여 도움을 주는 행사가 많아서 시간을 자유롭게 쓸 수 있는 부모님이 신청하는 게 좋습니다.

녹색학부모회

학생들의 등하굣길 교통지도를 하는 봉사 활동입니다. 대체로 반마다 활동 인원을 정해줍니다. 정해진 인원수를 채우지 못하면 좋은 마음으로 지원한 부모님들이 그 자리를 대신해야 할 수도 있어요. 반대로 우리 반에서 녹색어머니회에 지원하는 부모님이 많다면 봉사 활동의 횟수가 줄게 되어 부담도 덜게 됩니다. 많은 분들이 지원해주는 게 여러모로 좋다는 이야기지요.

희망하는 부모님만으로 운영이 불가능할 경우에는 의무적으로 1회 이상 봉사하도록 하는 학교도 있습니다. 학교에 따라 오전 등굣길 교통지도만 하는 경우도 있고, 오후 하굣길 교통지도가 필요한 학교도 있습니다. 최근에는 시니어 자원봉사자님들의 도움을 받는 학교도 늘고 있습니다. 그렇다고 하더라도 우리 아이들의 등하굣길 안전을 위해서 하루이틀 정도 봉사해주시면 담임으로서 이것만큼 감사한 일이 어디 있을까 싶어요.

학교운영위원회

학교운영위원회는 교육 과정 운영, 학칙 제정 및 개정, 학교 예산과 결산 등 학교 운영 전반에 중요한 역할을 하는 심의 자문기구입니다. 심의 자문기구라고 하니 뭔가 복잡하고 어려운 일일 것 같은 느낌이지요? 그리 어렵고 힘든 일은 아닙니다. 예를 들어 '1학기 체험학습을 5월 21일 근처 민속 박물관으로 간다'는 계획에 대해 학생들이 안전하게 다녀올 수 있는지 살펴보고 동의 여부를 간단히 알려주는 거죠. 아주 어렵거나 복잡한 일은 아니죠? 학교운영위원회는 학부모 대표를 비롯해 교원 위원, 교장 선생님, 지역사회 인사 등으로 고루 구성되기 때문에 학교 운영에 대한 다양한 의견을 들을 수 있습니다. 단, 만약 학부모 위원으로 선출되면 예정된 운영위원 회의에는 의무적으로 참석해야 합니다. 운영위원회의는 주로 평일 오후에 계획되어 있으니 참고하세요.

학부모 사서도우미

도서관 사서 역할을 하거나 사서 선생님을 도와주는 봉사입니다. 명예교사회나 명예사서회로 불리기도 합니다. 사서 도우미 활동은 학교 도서의 대출, 반납, 정리를 돕거나 학교의 여건에 따라 학생들에게 책 읽어주는 활동 같은 다양한 도서 프로그램을 제공하기도 합니다. 학생들이 생활하는 일과 중에 활동하기 때문에 도서관에서 모녀, 모자 상봉이 이루어지기도 하지요.

급식 모니터링

학교 급식의 안전 여부를 감시하고 개선 사항을 건의하는 일을 하며, 급식 검수라고도 합니다. 급식 모니터링 활동은 아침에 식자재 반입부터 검수까지 영양 교사와 함께 확인하기도 하고, 조리 종사원의 복장과 개인 위생, 조리실의 위생 상태, 조리 과정을 점검하기도 합니다. 급식 모니터링 봉사단이 꾸려지면 날짜를 정해 돌아가며 봉사하게 됩니다. 큰 학교는 1년에 한 번꼴로 차례가 돌아오니 큰 부담 없이 참여할 수 있는 봉사입니다.

받아쓰기 급수표

1회

1. 기분을 말해요

1	둥	실	둥	실		떠		있	습	니	다	.			
2	가	을	바	람	에		살	랑	살	랑					
3	귀	여	운		고	양	이	들							
4	씽	씽		지	나	갑	니	다	.						
5	활	짝		피	었	습	니	다	.						
6	매	미	가		맴	맴									
7	울	긋	불	긋		물	들	었	습	니	다	.			
8	나	뭇	가	지	를		흔	들	어	요	.				
9	병	아	리	가		삐	악	삐	악						
10	바	스	락		소	리	가		났	다	.				

2회

1. 기분을 말해요

1	노	랫	말	이		떠	오	르	지		않	아	.		
2	얼	음	처	럼		꽁	꽁	!							
3	뜀	틀	에		올	랐	어	.							
4	보	석	처	럼		반	짝	반	짝	!					
5	번	개	처	럼		찌	지	직	!						
6	와	장	창		무	너	졌	어	.						
7	화	산	처	럼		우	르	릉		쾅	쾅	!			
8	쨍	그	랑		깨	졌	다	.							
9	복	슬	강	아	지		같	잖	아	.					
10	사	랑	도		많	은		아	이	야	.				

★ 본 〈받아쓰기 급수표〉는 전국의 선생님들이 공유하는 양식에 저자가 교과서의 문장을 발췌하여 정리한 것입니다. 1학년 2학기에 배우는 교과 내용을 담고 있는 점을 참고하여 아이가 힘들어하지 않는 선에서 수준에 맞게 활용해보세요.

3회 2. 낱말을 정확하게 읽어요

1	우	산	을		잃	어	버	렸	어	요	.				
2	학	교		운	동	장	이		넓	다	.				
3	철	수	가		머	리	를		긁	는	다	.			
4	바	구	니	에		사	과	가		없	다	.			
5	닭	과		병	아	리									
6	연	필	심	이		닳	았	다	.						
7	연	필	의		길	이	보	다		짧	다	.			
8	썩	은		동	아	줄	이	었	어	요	.				
9	뚝		떨	어	졌	어	요	.							
10	붉	게		물	들	었	어	요	.						

4회 2. 낱말을 정확하게 읽어요

1	쓰	읏		입	을		닦	아	요	.					
2	쉽	지		않	아	.									
3	아	주		넓	고		위	험	하	거	든	.			
4	흙		속	에		들	어	가	서						
5	제	자	리	에		둡	니	다	.						
6	앞		발	등	에		통	!							
7	바	람	이		씽	씽		불	어	서					
8	안	전	하	게		귀	가	하	는		날				
9	하	늘	이		이	렇	게		맑	아	서				
10	페	인	트	칠	하	기		좋	은		날				

받아쓰기 급수표

5회 3. 그림일기를 써요

1	과	수	원	을		하	시	는		할	머	니			
2	빨	갛	게		익	은		사	과						
3	된	장	찌	개	를		먹	었	다	.					
4	알	맞	은		크	기	의		목	소	리				
5	허	리	를		펴	고									
6	바	른		자	세	로		서	서						
7	또	박	또	박		말	한	다	.						
8	귀		기	울	여		듣	는	다	.					
9	자	세	히		썼	나	요	?							
10	차	례	대	로		차	근	차	근					.	

6회 3. 그림일기를 써요

1	봉	지	째		가	져	오	지		말	고				
2	돗	자	리	와		물									
3	열	심	히		할		거	예	요	.					
4	나	,	잘	할		수		있	겠	죠	?				
5	시	끄	럽	고		복	잡	해	요	.					
6	사	람	들	도		많	고	요	.						
7	한	눈	팔	지		않	아	요	.						
8	부	딪	히	지		않	게								
9	앞	이		보	이	지		않	는						
10	집	중	할		거	예	요	.							

7회

4. 감동을 나누어요

1	신	기	한		맷	돌	이	었	답	니	다	.			
2	“	그	쳐	라	,	밥	!	”							
3	궁	궐	로		숨	어	들	었	습	니	다	.			
4	‘	부	자	가		될		수		있	겠	어	.’		
5	쏟	아	져		나	왔	고								
6	쌓	여		갔	습	니	다	.							
7	잊	어	버	렸	습	니	다	.							
8	가	라	앉	고		말	았	습	니	다	.				
9	쉬	지		않	고		돌	았	습	니	다	.			
10	세	상	에	서		가	장		귀	한		소	금		

8회

4. 감동을 나누어요

1	거	북	알	을		발	견	했	다	.					
2	책	을		읽	습	니	다	.							
3	얼	굴	을		씻	습	니	다	.						
4	밥	을		먹	습	니	다	.							
5	이	를		닦	습	니	다	.							
6	공	을		찹	니	다	.								
7	그	림	을		그	립	니	다	.						
8	양		떼	를		몰	고								
9	“	쳇	,	거	짓	말	쟁	이	.”						
10	“	심	심	해	서		장	난	쳤	어	요	.”			

받아쓰기 급수표

9회

5. 생각을 키워요

1	한		장		한		장		넘	기	면				
2	어	떻	게		해	?									
3	충	전	해		놓	을	게	.							
4	스	크	롤		안		해	.							
5	내		책		돌	려	줄	래	?						
6	몸	이		둥	둥		뜨	지		않	게				
7	물	건	을		묶	거	나								
8	발	걸	이	와		손	잡	이							
9	사	람	이		갈		수		없	구	나	.			
10	꽉		움	켜	쥐	고		있	어	야		해	.		

10회

5. 생각을 키워요

1	훌	라	후	프		돌	리	기							
2	나	만	“	어	휴	.”	라	고		했	다	.			
3	금	방		뚝		떨	어	진	다	.					
4	포	기	하	지		않	고								
5	잘		돌	리	면		좋	겠	다	.					
6	야	생		동	물	의		먹	이						
7	다	람	쥐	에	게		도	토	리	를					
8	연	필		한		자	루								
9	신	발		한		켤	레								
10	수	저		한		벌									

11회 **6. 문장을 읽고 써요**

1	꽃	향	기	를		맡	습	니	다	.					
2	멀	리		떨	어	진		곳	으	로					
3	대	피	해	야		합	니	다	.						
4	위	험	에		처	한		사	람	들					
5	갈		수		없	게		됩	니	다	.				
6	빨	개	지	고		가	려	워	지	니	까				
7	아	름	다	운		깃	털								
8	꾀	꼬	리	처	럼		예	쁜		목	소	리			
9	애	쓰	는		게		좋	단	다	.					
10	새	하	얘	졌	어	요	.								

12회 **6. 문장을 읽고 써요**

1	머	리		모	양	을		만	들	었	지	요	.		
2	“	오	,	괜	찮	은	데	?	”						
3	숫	자	를		세	었	어	요	.						
4	아	저	씨	가		낮	잠	을		자	는	데			
5	세		개	씩		묶	었	어	요	.					
6	머	리	에		매	달	려		흔	들	흔	들			
7	머	리	카	락		한		올							
8	가	르	마	를		탔	어	요	.						
9	꼬	불	꼬	불		말	았	어	요	.					
10	머	리	카	락	을		땋	았	어	요	.				

받아쓰기 급수표

13회 7. 무엇이 중요할까요

1	작	은		바	위	섬		89	개						
2	밤	에	도		불	을		밝	혀						
3	땅		밖	으	로		모	이	는		곳				
4	빨	판	을		본	떠									
5	잘		달	라	붙	습	니	다	.						
6	흔	히		쓰	는		칫	솔	걸	이					
7	도	꼬	마	리		열	매	에	는						
8	붙	였	다		떼	었	다								
9	갈	고	리		모	양	의		가	시					
10	낙	하	산	을		이	용	하	면						

14회 7. 무엇이 중요할까요

1	아	무	리		찾	아	도		없	어	.				
2	뚫	어	지	게		쳐	다	봤	어	.					
3	깨	끗	이		깎	아		오	기						
4	잃	어	버	리	나		봐	라	!						
5	엄	마	한	테		혼	날		텐	데	.				
6	철	석	같	이		약	속	을		하	고	는			
7	가	방	을		열	어	젖	혔	어	.					
8	얄	밉	게		끼	어	들	었	지	.					
9	“	필	통	도		잘		다	녀	왔	고	?	”		
10	낙	엽		잡	기	를		했	어	.					

15회 8. 느끼고 표현해요

1	재	채	기	했	다	.									
2	고	장	난		시	계									
3	같	이		가	기		싫	은	데	.					
4	자	그	마	한		실	수								
5	토	라	지	기	도		했	습	니	다	.				
6	뉘	우	치	지		않	았	습	니	다	.				
7	한	번		내	뱉	으	면								
8	한		움	큼		주	며								
9	하	나	도		없	었	습	니	다	.					
10	바	람	에		날	아	간		깃	털					

16회 8. 느끼고 표현해요

1	내	가		뽑	혔	다	는		걸	.					
2	싫	어	하	는		채	소		1	위					
3	진	짜		갈	게	.	안	녕	!						
4	달	달		볶	은		다	음							
5	브	로	콜	리		섞	어		주	고					
6	보	글	보	글		끓	여		주	면					
7	그	래	,	바	로		이	거	야	.					
8	아	무	도		없	는		곳	으	로					
9	맛	있	다	고		한		거	야	?					
10	밤	새	도	록		펑	펑		운		까	닭			

두근두근 초등 1학년 입학 준비

초판 1쇄 발행 2022년 11월 4일
개정판 1쇄 인쇄 2024년 9월 11일
개정판 1쇄 발행 2024년 10월 11일

지은이 하유정
펴낸이 이경희

펴낸곳 빅피시
출판등록 2021년 4월 6일 제2021-000115호
주소 서울시 마포구 월드컵북로 402, KGIT 19층 1906호

ISBN 979-11-94033-22-6 13590